皮革工艺

24 SIMPLE PATTERNS FOR LEATHERCRAFT

精品纸型集

24

中原农民出版社
·郑州·

自然风的皮革小物

本书记载了 24 种设计新颖、风格自然的皮革小物的纸型与制作步骤。除此之外，也收录了各种实用小物的构造图，讲解了许多制作技巧。你可以根据纸型直接制作，也可以改变尺寸或形状，甚至可以加入自己的独特想法。

请依照自己的兴趣与喜好，自由地制作独特的皮革小物吧。

Contents 目录

卡袋

书套

小方盒

钥匙圈

简易钥匙套

经典钥匙套

铃铛形钥匙套

外缝零钱袋

内缝零钱袋

小盒形零钱袋

L形拉链零钱袋

文件袋

竹叶形包侧卡片夹

椰皮包侧卡片夹

宽包侧笔袋

圆弧包侧笔袋

一体式包侧手拿包

分割式包侧手拿包

项圈

狗链

相机包

背带

护照夹

工具包

本书的使用方法

本书以成品模板与纸型为基础，说明其组合方式和基本步骤，只有难点部分附上照片进行解说。为了收录更多的皮革小物作品，本书省略了基础知识和重复部分的讲解。

作品使用的皮革记载于书末的"推荐皮革"一节中，部分作品选用皮革的要点请参考各作品的解说。书末也列出了皮具常用到的金属配件，并说明了金属配件的材料、颜色、尺寸、型号等，还请详细阅读。

本书使用的工具皆是手缝皮革必备的基本工具。若对工具有疑问，还请参考书末对工具用法的解说。

书中还介绍了许多改变纸型、改变构造的技巧，可活用于原创作品上。部分作品虽然较为复杂，难以加入变化，但各位不妨好好理解构造，找出可以改变的尺寸范围或部件，并试着加入一些原创设计。

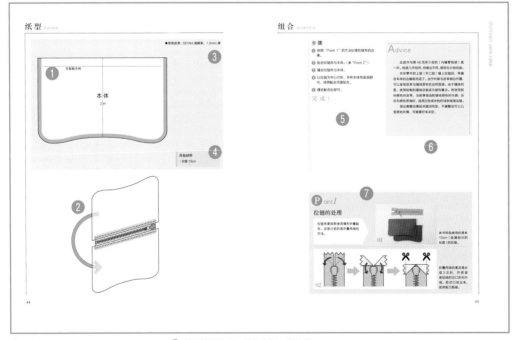

① 纸型
② 组合示意图
③ 使用的皮革种类与厚度
④ 皮革以外的材料清单
⑤ 组合步骤
⑥ 关于材料选用、制作窍门、变化要点等建议
⑦ 通过照片或图画专门解说组合难点的小专栏

做法与纸型

本章将连同纸型，一并解说作品的材料、制作流程、制作要点、变化可能性、注意事项。每个作品皆附上大量照片解说，呈现皮革小物使用时的状态。请各位以看目录的轻松心情来选择和制作吧。

至少要有一件的
基本小物

本节收录了几件高人气的皮革作品。

做法都很简单，

初学者可用来试手，

熟习者也可以将其当作变化的基础作品。

钥匙套更是列出了3种不同的类型，

还请各位挑个喜欢的来制作吧！

Pass case

卡袋

贴合本体与两面的口袋，

就能做出拥有 3 个收纳夹的卡袋。

椭圆形的缺口可用来推出卡片。

初学者做起来简单，

变化也方便，

可以轻松制作。

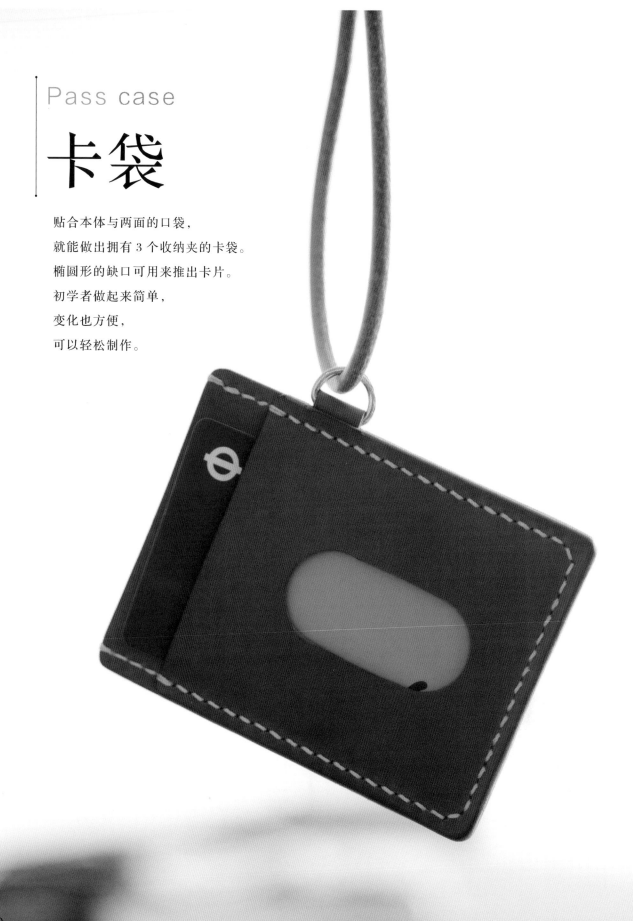

背面缺口改成另一种形状的版本。不挖开缺口或改变
缺口形状都可以，只要是自己喜欢的样式，用起来肯
定更加满意。

纸 型 Pattern

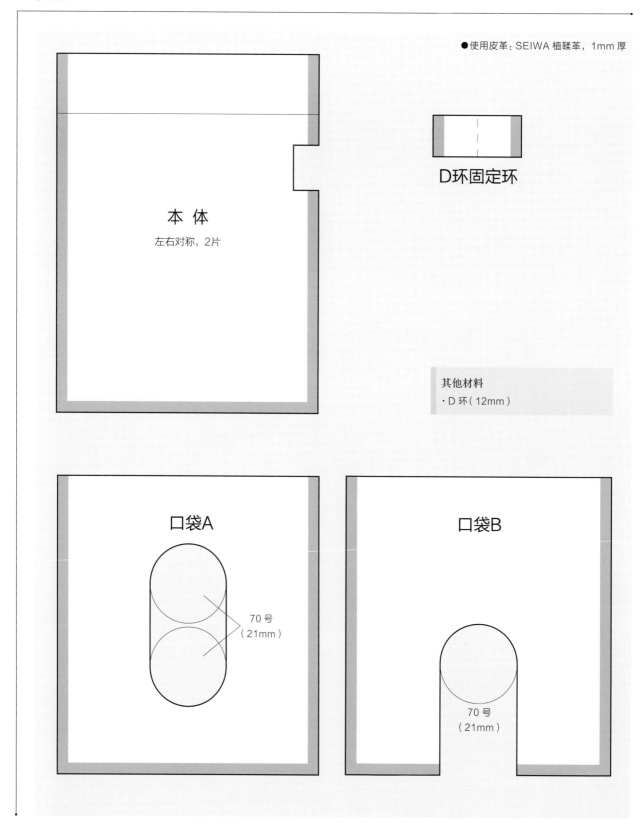

●使用皮革：SEIWA 植鞣革，1mm 厚

D环固定环

本 体

左右对称，2片

其他材料
· D 环（12mm）

口袋A

70 号
（21mm）

口袋B

70 号
（21mm）

组合 Assembly

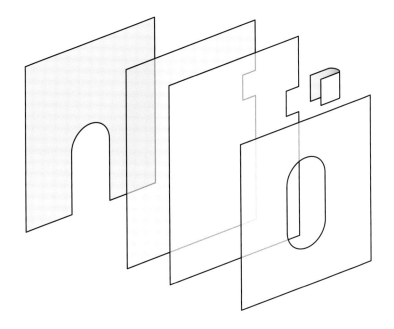

步骤

① 将 D 环固定环穿过 D 环，对折后黏合边缘（5mm 左右）。

② 按照边缘的黏合范围黏合 2 片本体。

③ 在其中一边贴上口袋 A。

④ 将①的边缘插进本体的缺口并黏合。

⑤ 在另一面贴上口袋 B。

⑥ 缝合成"⊓"形。

完成！

Advice

　　这里使用的是 1mm 厚的植鞣革，但因为本作品很简单，所以能使用的皮革类型也很多。由于卡片本身就是支撑，就算使用柔软的铬鞣革，也能维持卡袋形状。考虑到制作的难易程度，建议选用具有一定硬度的皮革。

　　本作品构造非常简单，只要参考上面的示意图组合即可。需要注意的是，D 环的边缘要收在本体缺口里面，此举是为了使卡袋厚度保持一致。若是没有缺口，D 环固定环就会凸出来，整个作品便会歪曲。

书套

书套的尺寸与文库本相同。
装有固定绳与纽扣，
所以在包包中也不会摊开。
本体简单，可在固定绳上做些花样、装饰，
如串上珠子。
请随喜好来做些变化吧。

纽扣用固定扣固定住。固定绳建议使用质感良好又柔韧的鹿皮绳。

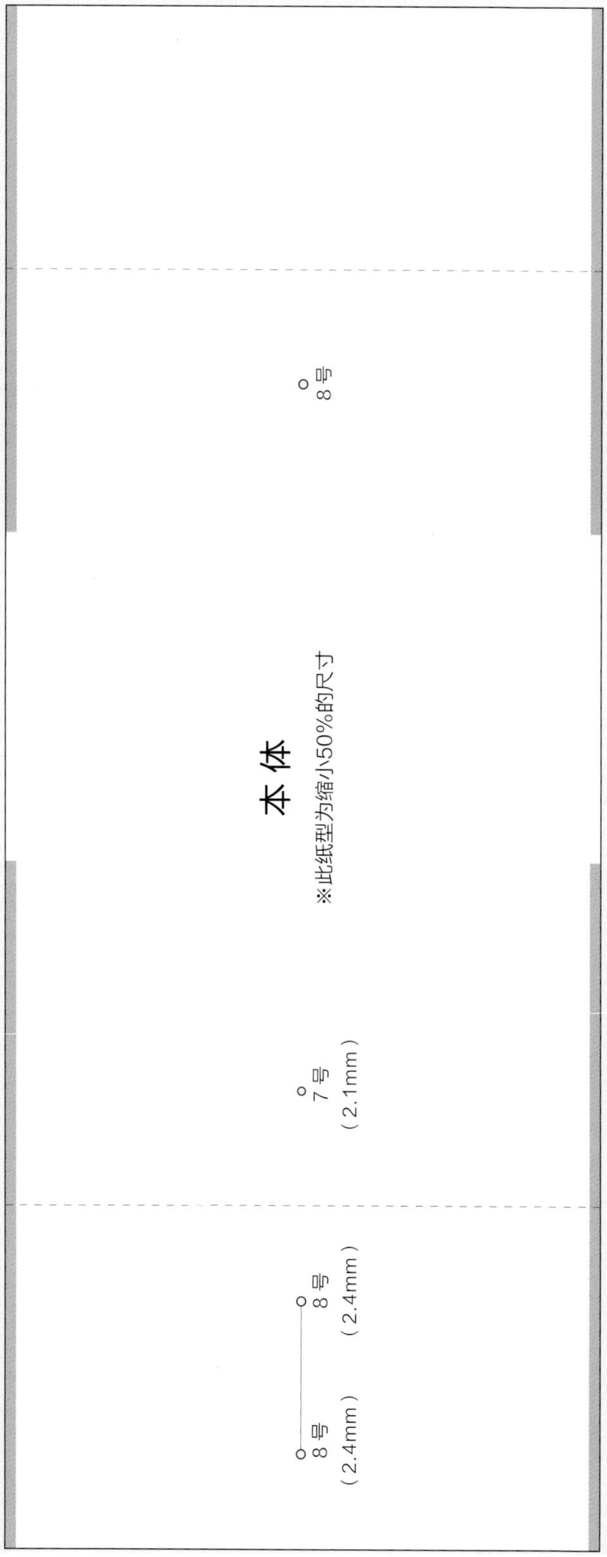

纸 型 Pattern

● 使用皮革：SEIWA 植鞣革，1.0mm 厚

其他材料
· 鹿皮绳（3mm 宽，30cm 长）
· 固定扣（大，两面短脚）
· 黄铜串珠（圆筒形，2 颗）
※ 串珠随喜好选用

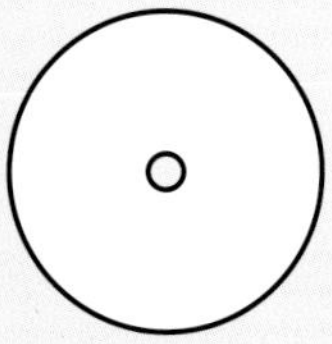

本 体

※此纸型为缩小50%的尺寸

○ 8号

○ 7号
（2.1mm）

○ 8号
（2.4mm）

○ 8号
（2.4mm）

皮纽扣

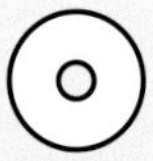

垫圈

2片

组 合 Assembly

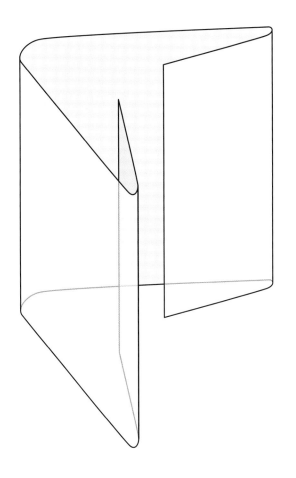

步 骤

① 将大致裁过的 2 片皮革贴在一起，用 70 号（21mm）圆斩切出皮纽扣。圆中心用 8 号（2.4mm）圆斩凿出小孔。

② 用 30 号（9mm）圆斩切出 2 片垫圈。圆中心用 8 号（2.4mm）圆斩凿出小孔。

Check!　要想做出漂亮的皮纽扣和垫圈，可以用圆斩，也可以动手裁剪。

③ 凿开本体纸型所示的小孔与缺口。

④ 将鹿皮绳穿过本体，并在肉面层一侧打结固定。皮绳前端可以串上串珠，打结固定。

⑤ 从另一孔的肉面层一侧穿过固定扣的扣脚，在皮面层一侧盖上 2 片垫圈、皮纽扣，盖上固定扣的面盖并固定。（参照 Point）

⑥ 沿着本体的折线折向肉面层，沿着黏合范围黏合、缝合。

完 成 !

Advice

　　事先装上固定绳与皮纽扣，沿着纸型的折线折叠，黏合后缝合就完成了。其中一侧的缺口可以用来插书签。即使没有固定绳与皮纽扣，书套仍可使用。因此，喜欢简洁的人也可以省去纽扣等的制作步骤。如果加上舌扣或四合扣等更正式的设计，也完全没问题。

　　这里使用的是 1mm 厚的薄皮革。使用铬鞣革或鹿皮等柔软的皮革也别有一番触感，但为了避免固定绳脱落，要多费心思在缝合上。

Point1

纽扣安装

为了隔出缠绕固定绳的空隙，在皮纽扣下方要垫上 2mm 厚（1mm 厚的皮革各 1 片）的垫圈。

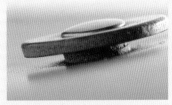

如照片所示重叠皮纽扣与 2 片垫圈，然后用固定扣固定在一起。

小方盒

整理小东西相当方便的小方盒。
做法简单，使用喜欢的皮革，
就能轻松完成妆点生活的小物件。
缝在底部的皮革兼有补强与装饰作用。
四个角用四合扣固定。
非常适合当作送人的礼物。

解开 4 个角的扣子就是扁平的面，便于携带。把角
缝起来也可以。

纸型 Pattern

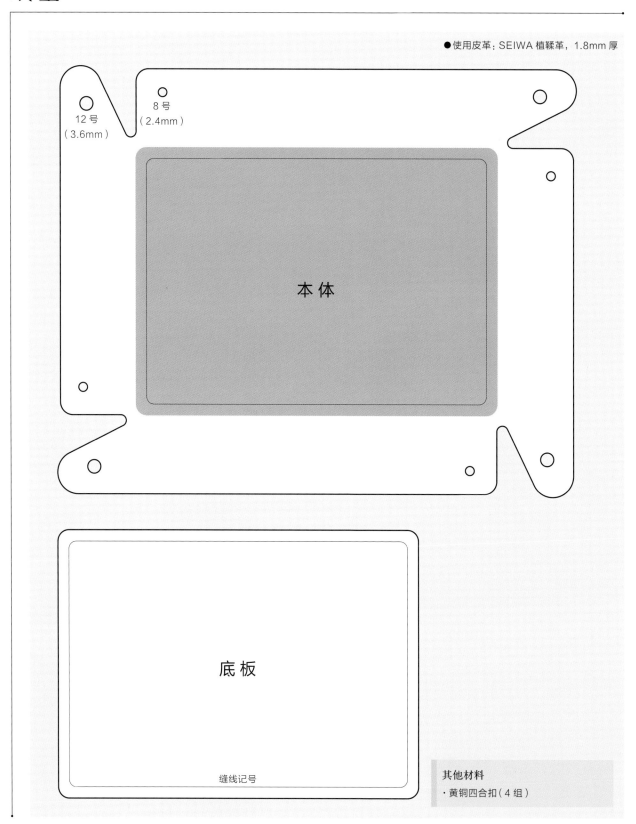

● 使用皮革：SEIWA 植鞣革，1.8mm 厚

12 号
（3.6mm）

8 号
（2.4mm）

本 体

底 板

缝线记号

其他材料
· 黄铜四合扣（4 组）

组合 Assembly

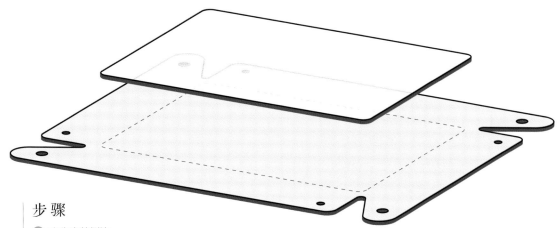

步骤

① 事先磨整侧边。

② 磨粗本体黏合范围的皮面层，准备黏合。

③ 对齐纸型的线黏合后，把底板与本体缝合。

④ 在本体的小孔上安装四合扣。

完成！

Advice

　　构造只有本体与底部，非常简单。熟练后可以轻松完成，大家可以大胆挑战其他各式各样的皮革。不过，要是皮革太软，方盒就立不起来了，所以要使用有一定硬度的皮革。

　　放大前页的纸型，就能制作大型的方盒。同时，四合扣要配合方盒选用合适的尺寸（孔洞尺寸也要配合四合扣进行调整）。此外，方盒越大，使用的皮革就要越硬，否则方盒就无法挺立，难以使用。按照整体比例仔细调整、制作，就能做出非常棒的作品。

Key holder

钥匙圈

平时带在身上的小物件，

设计简便，素材讲究。

黄铜制的卸扣酝酿出古董情调，

随着时间的推移，

皮革与黄铜色泽会逐渐增深，

为钥匙圈带来丰富有趣的变化。

组装时只需 1 个固定扣，初学者都能轻松完成。改
换金属配件或皮革可以改变作品氛围，所以可以试试
其他组合。

纸型 Pattern

● 使用皮革：SEIWA 植鞣革，1.8mm 厚

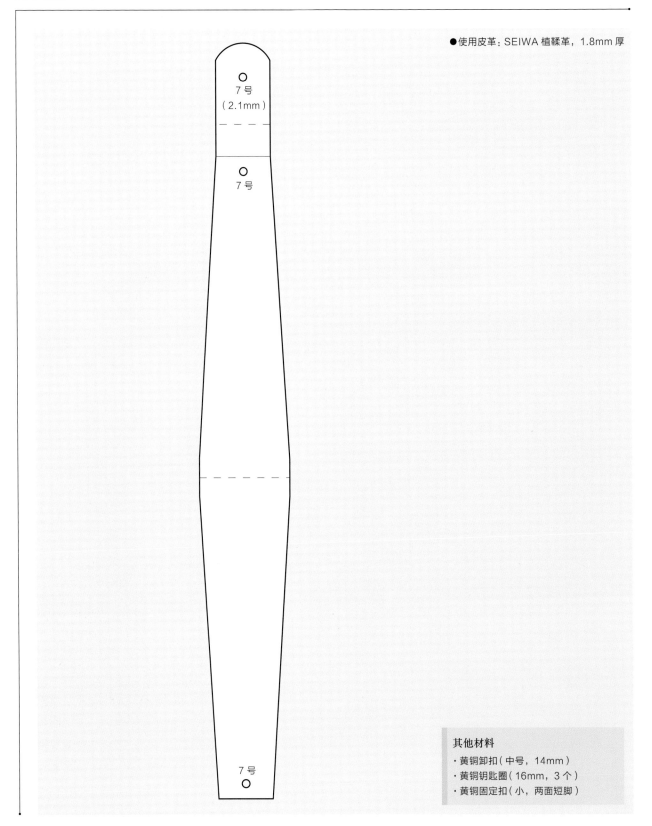

7 号
（2.1mm）

7 号

7 号

其他材料
· 黄铜卸扣（中号，14mm）
· 黄铜钥匙圈（16mm，3 个）
· 黄铜固定扣（小，两面短脚）

组 合 Assembly

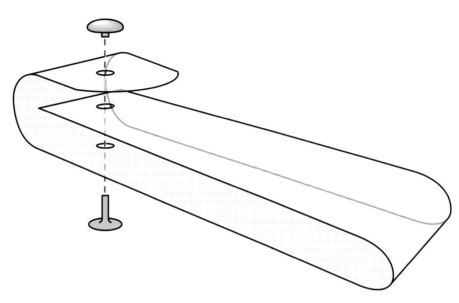

步 骤

① 磨整侧边。

② 沿着纸型的虚线对折，叠合小孔，并用
　固定扣固定。

③ 利用螺丝零件把串上钥匙圈的卸扣装上
　去。

完 成！

Advice

　　此作品按照卸扣轴的粗细设计，只要用固定扣
固定住小孔，装上卸扣就完成了。想要做得更简单，
可以直接使用配合前端宽度（15mm）的 D 环。若
使用 D 环，在用固定扣固定前，要先把 D 环装上去。

　　这里使用的皮革是颇有存在感的 1.8mm 厚的
皮革。为了体现黄铜与皮革的素材感，建议使用植
鞣革。如果使用太薄或柔软的皮革来制作，使用时
可能会因为钥匙的重量而下垂拉长，难以使用。若
遇到这种情形，可以借由贴合 2 片皮革等手段来调
整皮革硬度。

简易钥匙套

只要一片皮革就能完成的构造，简洁、有力。

圆润的造型有着自然、不造作的氛围。

若把圆弧部分做成直线，则更具有男性气质。

由于无须缝合，组合起来也相当简单。

扣起时的圆润外形相当自然、流畅。由于形状的自由
度很高，所以可以试着做一些表现略有不同的作品。

纸型 Pattern

● 使用皮革：SEIWA 植鞣革，1.8mm 厚

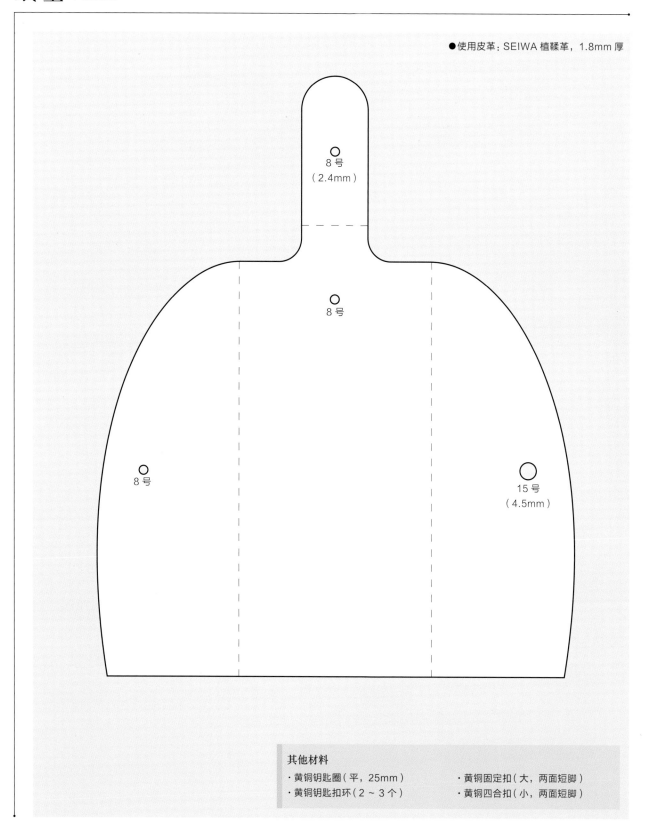

8 号
（2.4mm）

8 号

8 号

15 号
（4.5mm）

其他材料

· 黄铜钥匙圈（平，25mm ）　　　· 黄铜固定扣（大，两面短脚）
· 黄铜钥匙扣环（2 ~ 3 个）　　　· 黄铜四合扣（小，两面短脚）

组合

步骤

1 将钥匙扣环套进钥匙圈里。

2 将本体上部凸出的部分往肉面层折，然后把钥匙圈穿进这个环里。

3 凸出部分前端的孔要对齐本体一侧的孔，用固定扣固定。

4 在本体左右的孔内安装四合扣。

完成！

Advice

只要敲打固定扣和四合扣就能完成，所以组合上没有特别需要注意的问题。

皮革则要选用有适当厚度与硬度的种类，否则形状会瘫软、崩塌。金属配件的选择自由度很高，可以选用喜欢的来组装。

想要与众不同的设计，可以考虑装上内衬。只要在组合前先贴上薄皮革（推荐使用猪皮）即可，非常简单。另外，也可以使用皮革用的印章，在圆润的外表上盖上喜欢的图案。正因为简单，变化才丰富多彩。

Basic key case

经典钥匙套

最常见的经典钥匙套。

缝上内衬，设计较为正式。

外沿缝合一圈的缝线，

其颜色便是作品最为合宜的装饰。

还请细心考量皮革、缝线与金属配件间的色
彩搭配，做出自己的得意之作。

适用于不同性别、年龄的经典款式，所以也是上佳的礼品。花费心思在配色上，就能轻松表现自我特色。

纸型 Pattern

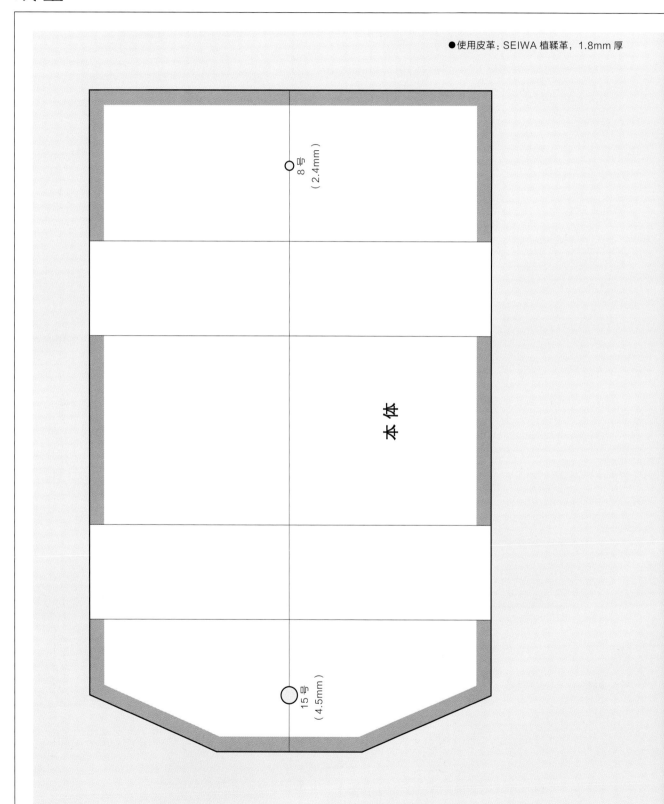

●使用皮革：SEIWA 植鞣革，1.8mm 厚

8号
（2.4mm）

本体

15号
（4.5mm）

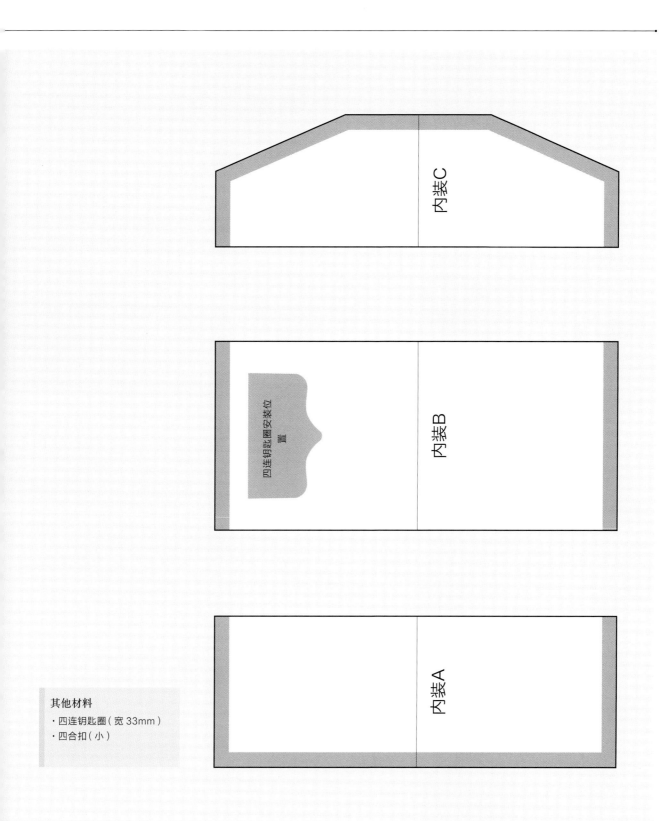

内装C

内装B

四连钥匙圈安装位置

内装A

其他材料
·四连钥匙圈（宽 33mm）
·四合扣（小）

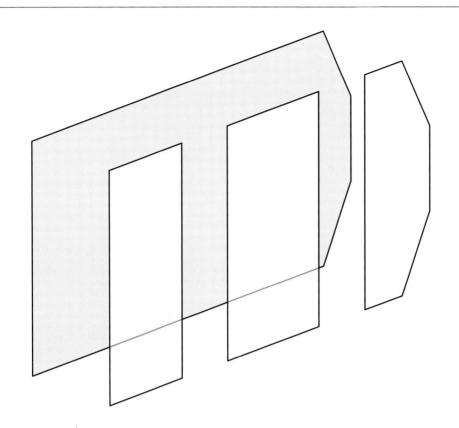

步 骤

① 四连钥匙圈配件对齐内衬 B 上的安装位置，然后用锥子等描出安装孔的记号。

② 配合安装用的固定扣的尺寸，在做上记号的位置凿开相同大小的孔。以 SEIWA 制的四连钥匙圈为例，会附赠安装用的固定扣 (小，两面短脚)，所以用 7 号 (2.1mm) 圆斩来凿孔即可。

③ 在黏合范围内涂上橡胶糊，贴合内衬 A ~ C 与本体，并缝合所有边缘。

Check! 为了外观上的统一，没贴上内衬的部分也要连在一起缝合。各个零件分开缝合也可以。

④ 在本体纸型所标记的四合扣安装位置上，各自凿开指定大小的孔，最后安装四合扣。

Check! 本体的角裁切成斜向的一侧会叠在最上方，所以这里要安装四合扣的面盖。

完 成 ！

Advice

贴上内衬，就具有正式作品的感觉了。由于使用的是专用四连钥匙圈，所以功能十分强大，可以长久使用。

虽然组合并不难，但金属配件的安装位置若有误差或是稍有歪斜，错误就会非常显眼。在测量位置时务必用直尺等工具，确保安装位置与中央平行。描下孔洞位置时，只需要用锥子沿着金属配件的孔洞内缘画线即可。固定扣若是固定不好，金属配件很容易脱落，所以要再三确认固定扣是否固定住了。

铃铛形钥匙套

钥匙收在铃铛形的本体中，
要使用时拉出来即可。
简单又独特的造型，
与手作皮制品的自然气息极为契合。
若觉得基本款式不够看了，
不妨来挑战这个。

缝合 2 片零件的本体，在其中夹进装上
金属配件的带子。本书的纸型为正好可
以收入 2 把钥匙的设计。

纸型 Pattern

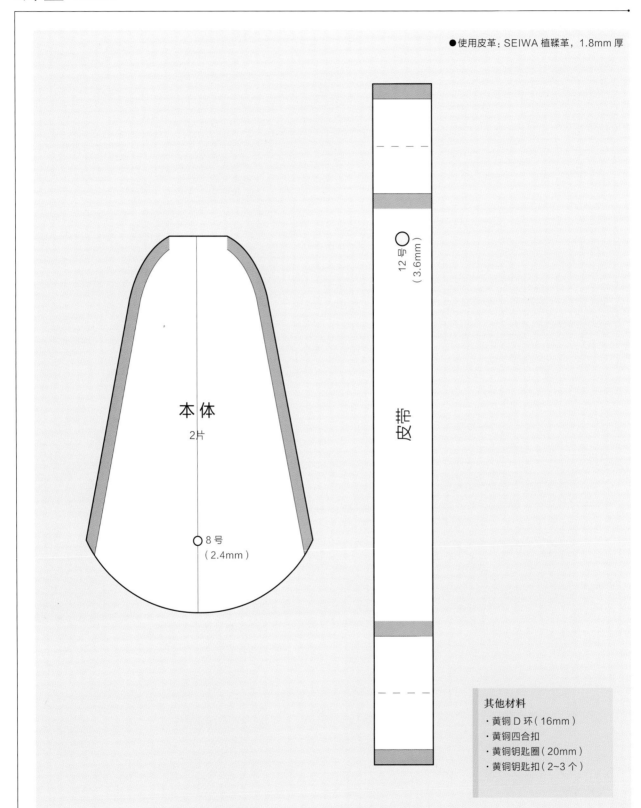

●使用皮革：SEIWA 植鞣革，1.8mm 厚

本体
2片

8号
（2.4mm）

12号
（3.6mm）

皮带

其他材料
·黄铜 D 环（16mm）
·黄铜四合扣
·黄铜钥匙圈（20mm）
·黄铜钥匙扣（2~3 个）

组合 Assembly

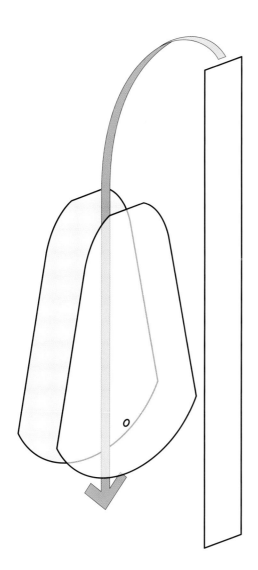

步 骤

1 将其中一片本体用圆斩凿孔，然后安装四合扣的公扣。

2 依黏合范围贴合本体，缝合两侧。针脚两端要多缝一次，进行补强。

3 从本体上部的缝隙里插进皮带。

Check! 为了避免松脱，设计的尺寸会刚刚好，因此要稍微用力，用塞的方式插进本体中。起初会比较紧，但用久了就会变得比较柔软好用。另外，皮带的肉面层要朝向本体安装四合扣的一侧。

4 将皮带上部穿过 D 环，反折后缝合边缘，固定 D 环。

5 在皮带上部的孔洞处安装四合扣的母扣。

6 将皮带下部穿过钥匙圈，反折后缝合边缘以固定。

7 把钥匙圈穿进钥匙扣，作品就完成了。

完 成 ！

Advice

　　若挂上家庭用一般尺寸的钥匙，收纳时前端会露出约 1cm 的长度。这是为了防止钥匙完全收纳在套子里，很难抽出来。想制作不同大小的钥匙套时，也要考量这点，再改变纸型尺寸。

　　缝合本体后，再把皮带穿进缝隙里。若使用指定的皮革（1.8mm 厚左右），尺寸会刚刚好，因此一开始会有些紧。一开始在抽出钥匙时会比较困难，考量到用久便会软化这点，这个尺寸其实正好。若使用比指定皮革更厚或较硬的皮革，可能会穿不过去，这时候可以在侧边涂上床面处理剂，用锥子等摩擦，把缝隙磨得开一些。

变化丰富的
收纳袋

说到皮革，就想起袋子。

说到袋子，就该用上皮革。

4 种零钱袋，

加上可以活用在工作中的文件袋，

本章将介绍 5 种方便好用的收纳袋。

只要改变零钱袋的尺寸，

就能变化为其他各式各样的皮件。

Outseam coin case

外缝零钱袋

缝合外侧呈袋形的零钱袋。

使用较粗的缝线不仅可以当作装饰，

也能衬托外缝法特有的朴实感。

形状还可以自由改造。

拉链开口相当方便。

纸型 Pattern

● 使用皮革: SEIWA 植鞣革, 1.8mm 厚

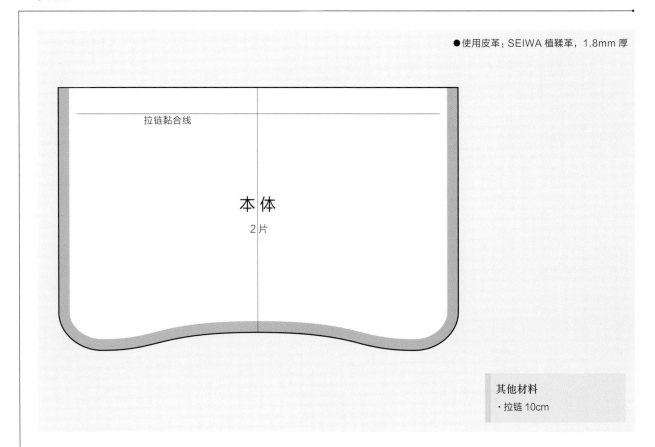

拉链黏合线

本体
2片

其他材料
· 拉链 10cm

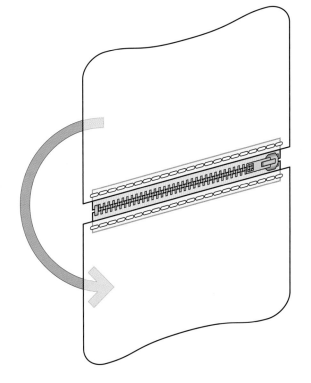

步 骤

1 依照"Point 1"的方法处理拉链布的边缘。

2 贴合拉链布与本体。(参 "Point 2")

3 缝合拉链布与本体。

4 以拉链为中心对折，并将本体肉面层朝内，按照黏合范围贴合。

5 缝合黏合处即可。

完 成！

Advice

此皮件与第 48 页所介绍的「内缝零钱袋」是一对。构造几乎相同，但缝法不同，感觉也大相径庭。

本体零件的上部（开口部）缝上拉链后，再缝合本体的边缘就完成了。由于针脚与皮革侧边外露，可以呈现皮革与缝线原有的自然质感。由于缝线明显，使用较粗的缝线还能成为装饰重点。若使用其他颜色的皮革，也能享受选配缝线颜色的乐趣；当你为颜色苦恼时，选用白色或米色的浅色线准没错。

侧边磨整后看起来圆润有型，不磨整则可以凸显原始风情，可随喜好来决定。

Point1

拉链的处理

拉链布要按照使用情形折叠黏合。这里介绍的是折叠两端的方法。

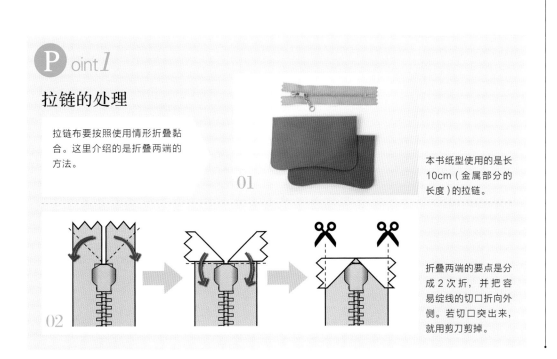

01

本书纸型使用的是长 10cm（金属部分的长度）的拉链。

02

折叠两端的要点是分成 2 次折，并把容易绽线的切口折向外侧。若切口突出来，就用剪刀剪掉。

Ⓟoint*1* 拉链的处理

在拉链布背面，金属部分的外侧边缘涂上橡胶糊，然后把切口朝外折，黏合起来。

 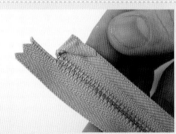

然后再往下折一次。每次折叠时，橡胶糊要先涂在重叠的范围。拉链布两端两侧，共4处需要折叠。

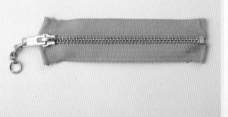 

Ⓟoint*2* 拉链贴合本体

在拉链布正面外缘贴上 2mm 宽的双面胶带，并撕下胶纸。把拉链拉直，平放在桌上，然后确认本体的黏合位置，将拉链与本体黏在一起。没有双面胶带的话，也可以用橡胶糊，但要小心不能溢出黏合范围。

贴合后，确认 2 片本体是否左右对称、拉链间的缝隙是否均等、拉链两端的缝隙宽度是否相同。若黏合时有歪斜，缝合本体时就会扭曲变形。

因为可以藏住侧边与针脚，看起来就不再粗矿，多了
些圆润的女性印象。本体鼓起来可以增加收纳程度，
具有包仰的功能。

Inseam coin case

内缝零钱袋

鼓鼓的、给人温和印象的零钱袋。

使用与外缝法相对的"内缝法"来制作。

虽然构造几乎相同，但氛围相异、颇是有趣。

为了使翻过来后的形状漂亮完整，在零件制作

的阶段要多下一道工夫。

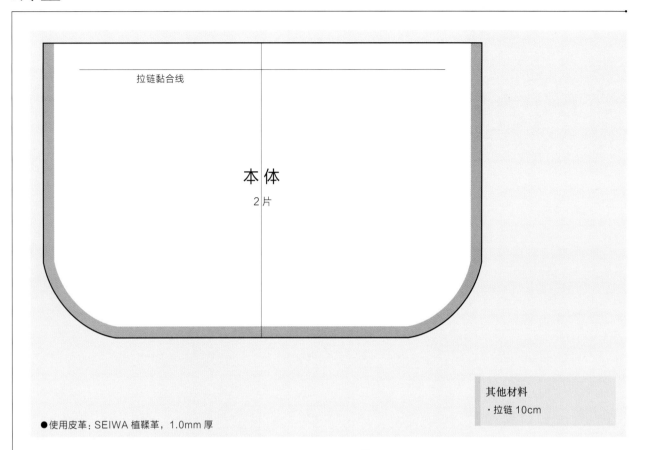

拉链黏合线

本体
2片

其他材料
·拉链10cm

●使用皮革：SEIWA 植鞣革，1.0mm 厚

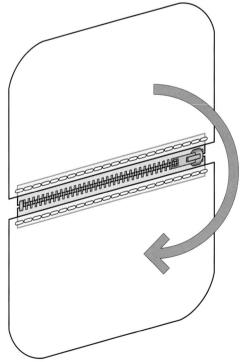

组合 Assembly

步骤

① 与外缝零钱袋的做法相同，把拉链缝到本体的开口部上。

② 贴合本体皮面层的黏合范围，然后缝合边缘。

③ 打开拉链，把底部压出开口部，翻出正面。

④ 手伸进开口部，推出底部与两侧，调整形状。

完 成！

Advice

削薄本体边缘，提高完成度

在需要翻出本体的内缝法中，若能事先削薄缝合处（肉面层），翻出正面时缝合处旁边鼓起来的地方会更明显，看起来更美观。由于这道程序的效果显著，若日后还要采用内缝法制作皮件，不妨实践看看。

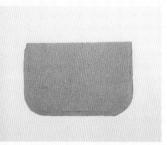

在缝合拉链前，除了开口部之外，本体肉面层的其他 3 边都按照黏合范围，削薄到一半厚度。

Point 1

本体的翻面

翻出结束缝合的本体时，为避免伤到皮革皮面层或不小心折出痕迹，务必要谨慎细心地翻面。

01

与前页的外缝零钱袋相同，缝合本体开口部与拉链。然后以拉链为中心，皮面层朝内对折，缝合本体边缘。

02

打开拉链，手指往开口部压出本体底部其中一端的角，然后从开口部拉出推出去的角。

03

把剩下的角也拉出来，最后把本体边缘全部推平，调整形状。

Box coin case

小盒形零钱袋

用一片皮革就能完成，构造简单，

翻盖有遮盖、保护内容物的作用，相当方便。

四角侧边绕出去的缝线成了装饰的亮点。

圆滑的曲线造型塑造了温和轻盈的质感。

本体侧面成为袋侧，前后则是主要袋身。后侧袋身同时也是翻盖。底部的折叠处无须折紧，折出鼓起来的感觉才是要点。

同样的单片皮革构造，只要改变各部位的尺寸，就能像这样制作迷你零钱袋。

纸型 Pattern

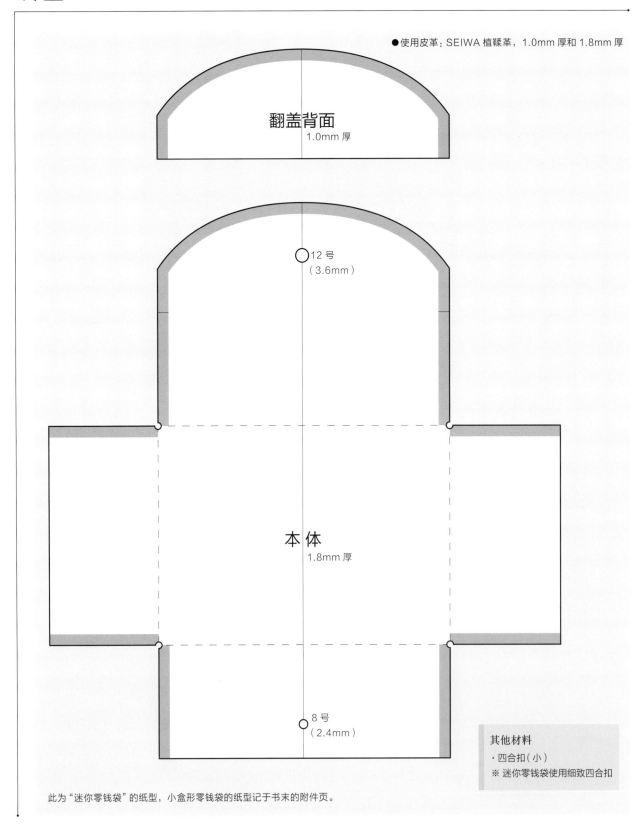

●使用皮革：SEIWA 植鞣革，1.0mm 厚和 1.8mm 厚

翻盖背面
1.0mm 厚

○12 号
（3.6mm）

本体
1.8mm 厚

○8 号
（2.4mm）

此为"迷你零钱袋"的纸型，小盒形零钱袋的纸型记于书末的附件页。

组 合 Assembly

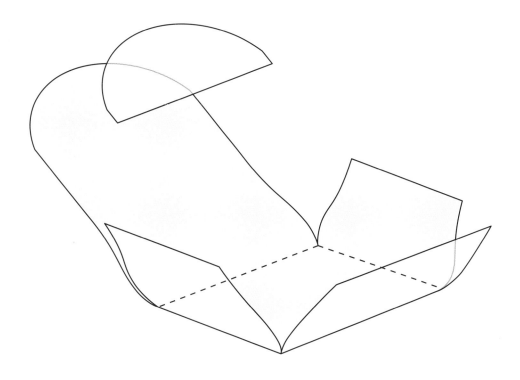

步骤

① 在本体翻盖部分的背面，缝上"翻盖背面"这个零件。

② 连同翻盖本体与翻盖背面一起凿出圆孔，安装四合扣的母扣。包身一侧则安装四合扣的公扣。

③ 将 4 个方向的包身侧面彼此缝合，缝成袋形。在起止处，缝线要绕向外侧进行补强。

④ 包侧部分拗折出和缓的曲线，最后调整形状。

完 成 ！

Advice

虽是相当立体的构造，但其实只需要一片皮革。把相对应的部分缝起来就完成了，制作起来颇为轻松。推荐使用稍软的植鞣革，便于塑造整个零钱袋圆润的曲线。太硬或太软的皮革都不容易成形。

这个构造只要调整各部位的尺寸，就能做出各式各样的形状，因此非常便于进行改造（但针脚长度必须相同）。交织直线与曲线，就能做出自己特有的形状。若是本体与翻盖的尺寸不合宜，零钱可能会掉出来，所以在正式制作前，不妨先用碎皮料或纸来试做一下，视情况进行微调。

L–shaped fastener coin case

L 形拉链零钱袋

用皮绳串起 D 环与拉链拉把，就能当成
孩童用的万用包。挂在脖子上，就不必
担心掉落或丢失的问题。

开口极大，可以轻松放入卡片或钞票，
收纳力超群，还能凸显皮革的自然风貌。
兼顾功能性与设计性，
是男女老少都喜欢的实用皮具。
制作时，留意拉链的黏合方式。

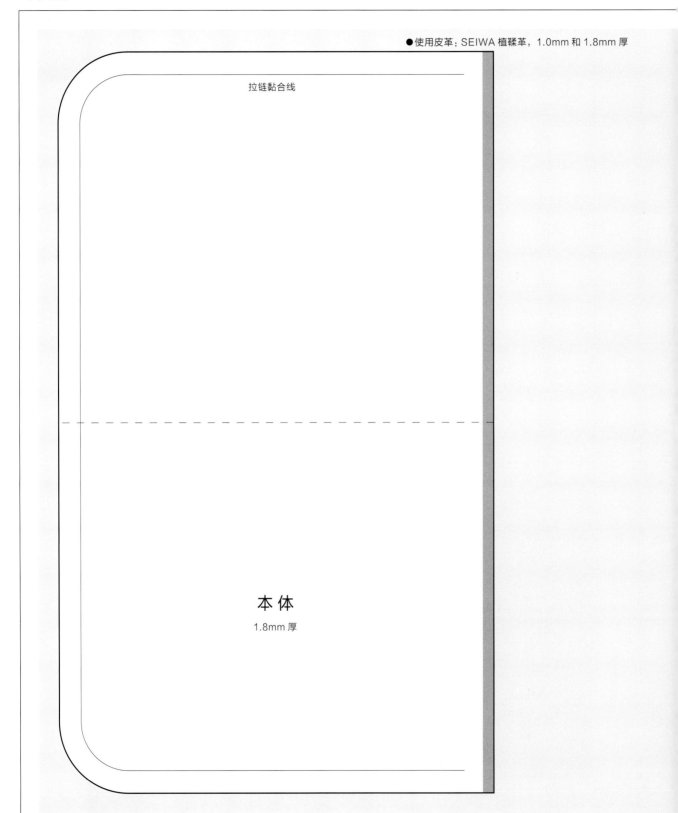

●使用皮革：SEIWA 植鞣革，1.0mm 和 1.8mm 厚

拉链黏合线

本体

1.8mm 厚

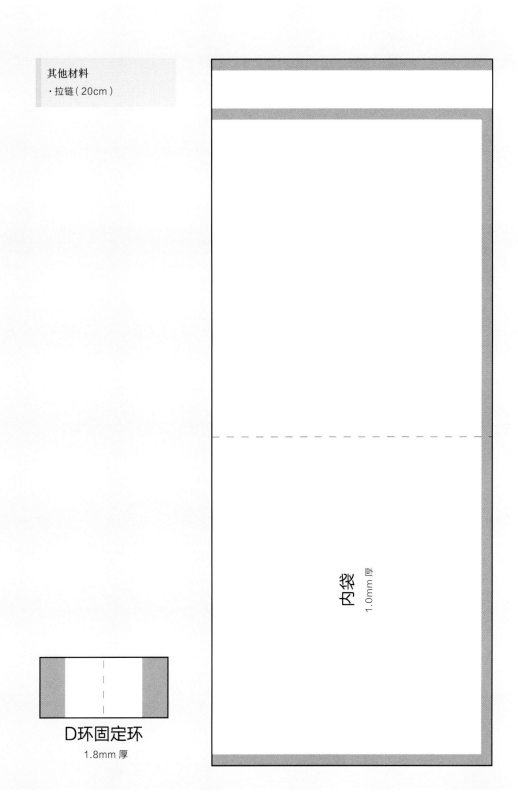

其他材料
· 拉链（20cm）

内袋
1.0mm 厚

D环固定环
1.8mm 厚

步 骤

① 依折叠线对折内袋，贴合"冂"形的黏合范围并缝合。

② 对拉链上止（拉链拉起来时滑楔所在的一侧）部位的拉链布进行折叠。（拉链布的处理请参照P45 拉链的处理）

③ 在本体的拉链黏合范围凿出线孔。（请参照 Point 1 凿出线孔）

④ 在拉链两侧贴上 2mm 宽的双面胶带，并沿着本体的黏合线贴上去。（请参照 Point 2 立体拉链的黏合法）

⑤ 缝合拉链。

　Check! 拉链两侧要一口气缝起来。跨过中央部分（本体的对折线）时，要注意只缝拉链外侧的皮革。（请参照 Point 3 拉链的缝合）

⑥ 将 D 环固定环穿过 D 环，对折后贴合两端5mm 左右的宽度。

⑦ 将 D 环固定环与内袋夹进本体并缝合。（请参照 Point 4 本体的缝合）

完 成 ！

Point 1

凿出线孔

本体必须事先凿开缝合拉链用的线孔。两端基点以及中央点要用圆锥凿出圆孔。

01

在皮革正面的拉链黏合位置（参照纸型）上画出缝线记号（3mm 宽）。

02

用圆锥在缝线记号两端以及中央点（共 3处）凿出圆孔。中央点可用直尺准确量出来。

Ⓟoint 1 凿出线孔

从其中一个端点开始凿线孔。在靠近中央点时，要调节菱斩的凿孔位置，使每个孔的间隔尽量相等。

凿好线孔后的样子。对折本体后就会变成 L 形。由于拉链布无法用菱斩凿孔，所以在贴合后直接用手缝针缝合。

Ⓟoint 2

立体拉链的黏合法

因为要一边弯曲拉链一边黏合，所以容易歪掉，必须善用一些技巧。黏合线务必要画准确、画清楚。

01

在本体的肉面层（线孔的背面）描下纸型的拉链黏合线。因为这条线距离皮革边缘 6mm，所以将间距设定为 6mm。

02

把拉链上止一侧的布折叠好后（处理方法见 P45），在拉链正面两侧贴上 2mm 宽的双面胶带。

03

拉开拉链，将两边各自沿着黏合线贴上去。拉链布的边缘对齐线孔第 2 孔。

04

圆弧部分先不黏合，继续贴到中央。将拉链下止一侧的拉链布藏到本体内侧。

Ⓟoint2 立体拉链的粘贴法

圆弧部分的拉链布会多出来，所以要均等地将其折成褶子，细心地黏合。可以用圆锥压住圆弧中央，做出 2 个褶子，然后按照此法做出所有的褶子。

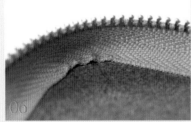 

做出 4 个均等的褶子后，从上方压住并黏合紧。从布的正面看去时，尽量使圆弧形成一个圆滑的曲线。

黏合完拉链其中一侧的样子。这时要确认拉链布是否有歪斜或产生不必要的皱褶。

然后，按照上述要领继续贴下去。贴到中央时，要注意拉链两边的边缘必须对齐。若有错开的状况，就撕下来重贴一次。

贴合完后，拉起拉链，确认整体是否有歪斜。因为一旦缝合，就无法修正了，所以这时一定要调整好。

Ⓟoint*3* 拉链的缝合

沿着已经凿开的线孔缝合就好。不过要注意，没有黏合拉链的中央部分只缝合皮革。

经过没有黏合拉链的范围后，继续缝合拉链布即可。

Ⓟoint*4*

本体的缝合

对折缝好拉链的本体，接着夹入内袋与 D 环固定环，一起缝起来。

对折内袋，黏合并缝合完成的状态（①）。D 环固定环黏合完成的状态（⑥）。

01 对齐本体上缘，黏合 D 环固定环。设计上是重叠约 8mm 的空间，也可以视皮革状况进行微调。
02 在固定环的正下方，不留空隙地贴上内袋。这边则是对齐内袋边缘。

03 对折本体，夹入固定环与内袋，然后黏合紧。
04 按照一般步骤缝合就完成了。因为 D 环的部分稍微厚了些，所以不必强用菱斩贯穿，可用菱形锥来贯穿，针脚会漂亮许多。

63

可以收纳 A4 尺寸文件的文件袋。
总面积大，
更能直接传达素材的原生质感。
即便在工作中也能感受到
皮件特有的温度。

Document case

文件袋

构造简单，只要缝合前后包身，装上皮绳与纽扣就完成了。若与一体
式包侧手拿包（P100）或分割式包侧手拿包（P110）组合，更能发
挥超乎想象的收纳力。可当成外出的手拿包使用。

纸型 Pattern

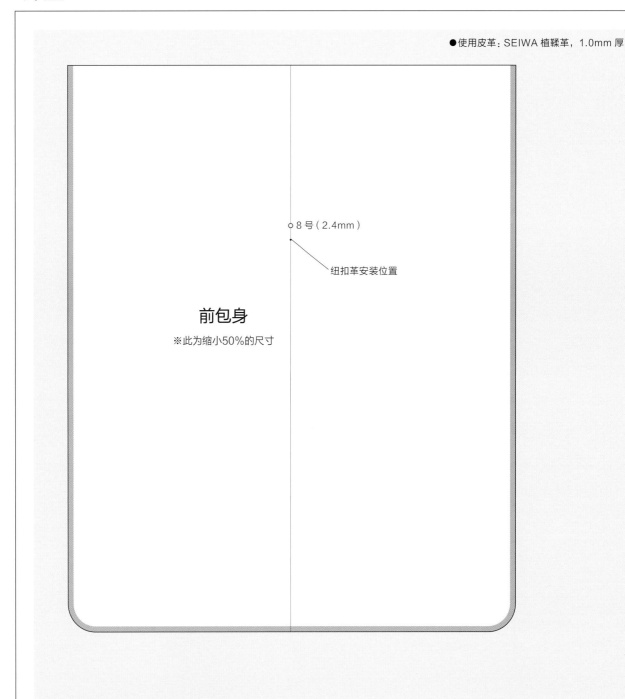

●使用皮革：SEIWA 植鞣革，1.0mm 厚

o 8 号（2.4mm）

纽扣革安装位置

前包身

※此为缩小50%的尺寸

其他材料

· 鹿皮绳（长 300mm，宽 3mm ）
· 金属角饰（30mm，2 个）

· 黄铜串珠（圆筒形，2 个）
※ 串珠可随喜好选用

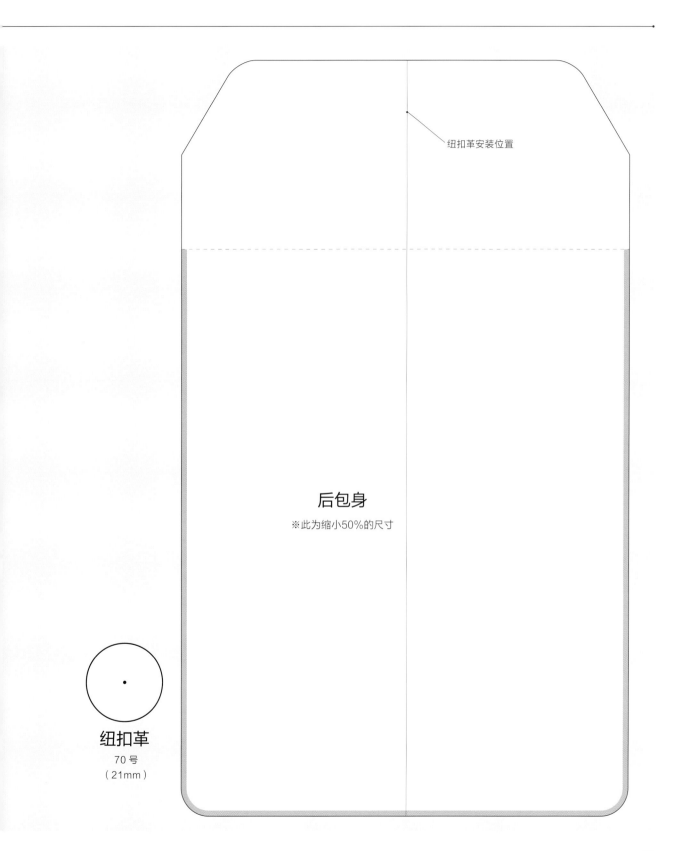

纽扣革安装位置

后包身

※此为缩小50%的尺寸

纽扣革

70 号
（21mm）

步 骤

❶ 裁出纽扣革，缝到前包身与后包身（皮面层）纽扣革的安装位置。

Check! 也可用磁扣、原子扣、锁扣等配件代替，随自己创意做变化。

❷ 将鹿皮绳的其中一端打死结，从肉面层穿出到前包身的安装位置。

Check! 穿出正面的鹿皮绳另一端，可装上黄铜串珠等装饰，然后打死结固定。

❸ 按照前后包身的黏合范围黏合，然后缝合整个袋子的边缘（包括翻盖）。

Check! 为保有前包身、开口部的段差部分的强度，必须重复绕线来补强。翻盖部分的针脚只是装饰，可随喜好省略掉。因为缝合距离很长，可以分成数次来缝合。若把底部的两角当作收尾处，那么就可以用金属角饰藏住收尾的痕迹。

❹ 在底部的两角安装金属角饰。

完 成！

Point 1

金属角饰的安装

金属角饰可以补强本体底部的角，也是设计上的重点。安装非常简单，把两端压扁即可。

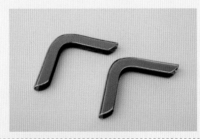

把皮革塞进金属角饰内侧的沟槽中，再压扁两端固定即可。

把本体的角完全塞进角饰的沟槽中，然后用工艺用的平口钳压扁两端即可。为了避免伤到金属表面，可先用纸巾等盖住角饰。（※参照照片中压扁位置）

另一侧的角饰也同样压扁后，就完成安装了。若想要把角饰黏紧，也可以一并使用G17胶水等合成橡胶系的黏合剂。

包侧多样的
皮革小物

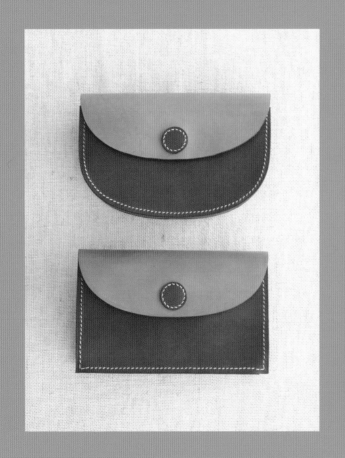

若要制作收纳力或
功能性较强的皮包,
就不得不谈到包侧。
本章将介绍可用手缝合制作的各种包侧
的多款作品。
制作其他皮件时,
也一定能派上用场。

竹叶形包侧卡片夹

这是使用扇状的"竹叶形包侧"
所制作的基本款卡片夹。
这个设计也能活用在钞票夹或
零钱袋等皮件上。
包身与翻盖为一体，
只需用单片皮革就能制作。

改变包侧宽度就能调整名片夹的打开幅度。闭合时会
折叠起来，构造相当简单。

纸型 Pattern

●使用皮革：SEIWA 植鞣革，1.0mm 和 1.8mm 厚

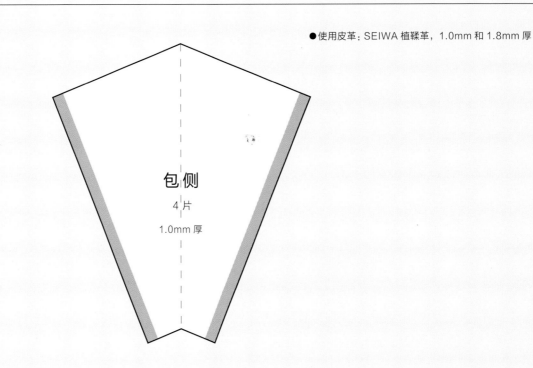

包侧

4 片

1.0mm 厚

固定带 1.8mm 厚

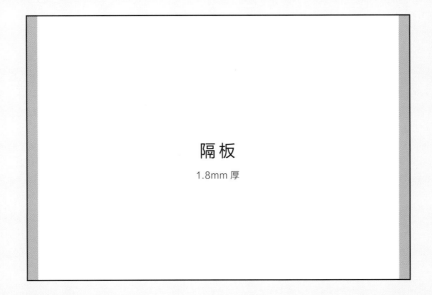

隔板

1.8mm 厚

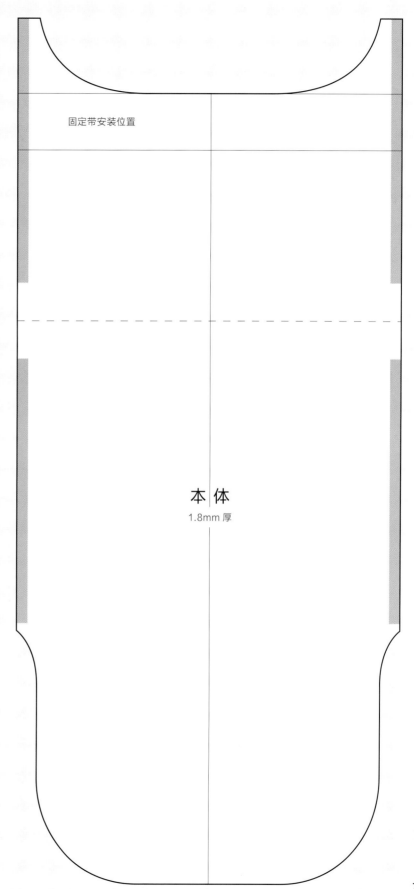

固定帯安装位置

本 体
1.8mm 厚

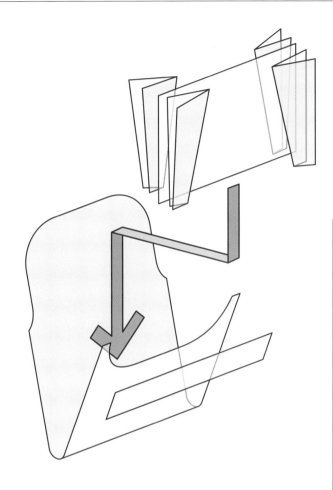

❶ 将 4 片包侧皮革的皮面层朝内，以中央线为准对折。

❷ 在隔板的两侧边缘贴上 4 片包侧，然后缝合。

❸ 以浮贴的方式，把固定带贴到本体的固定带安装位置上。

Check! 固定带与本体间留出间隙，可让翻盖插进去。固定带设计得较长，所以在调整、黏合后可能会有多余的长度，剪掉即可。

❹ 依照折叠线对折本体，然后插入隔板。把包侧的边缘与本体的黏合范围贴合。

❺ 将本体两侧分别与包侧、固定带缝合。

完 成 ！

Advice

蛇腹状的竹叶形包侧在闭合时会收拢，打开时可以像扇子般张开，功能性十足。这个构造可应用在多种皮件上。

改变包侧的宽度，就能调整打开的幅度。由于必须左右对称，即使稍有些麻烦，也要先用纸等素材试做后再进行微调。选用皮革时，建议选择比本体还薄的皮革，以便开合时包侧可以顺利活动。

由于采用了把翻盖插进固定带间隙里的设计，制作时要注意固定带不能太紧或太松，最好是稍有一些抵抗感的紧度。

榔皮包侧卡片夹

虽然不能像竹叶形包侧一样大开，但内部空间是四边直角的利落方形，即使名片收纳其中，边缘也不会被挤压到。

这种包侧由夹进细长条状的椰皮所制成，

造型颇为特殊。

若能将稍厚的侧边磨得圆润光滑，

就能增添外观美感，给人强烈印象。

名片不会在里头被挤压，

非常适合喜欢严谨皮件的人使用。

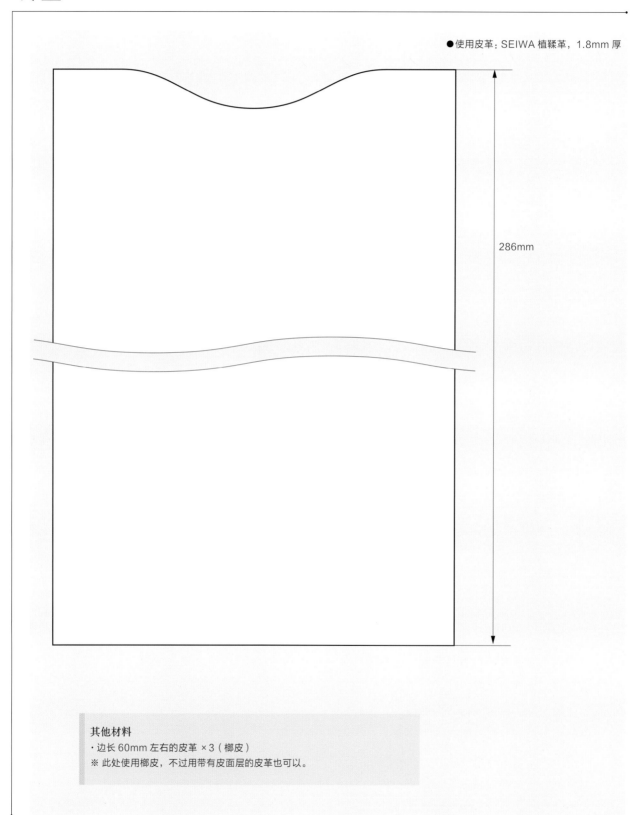

●使用皮革：SEIWA 植鞣革，1.8mm 厚

286mm

其他材料
·边长 60mm 左右的皮革 ×3（榔皮）
※ 此处使用榔皮，不过用带有皮面层的皮革也可以。

组 合

步 骤

1 磨掉榔皮所有的皮面层，做出黏合用的粗糙表面。

2 叠合并黏合 3 片榔皮，用推轮压黏。

Check!　先对齐其中一个角再黏合，最初的裁切就会比较轻松。

Check!　若改变榔皮的颜色，榔皮就会变成包侧醒目的装饰。

3 把贴合后的榔皮裁成约 8mm 宽的条状。

4 用砂纸打磨条状榔皮的一端（夹进本体内的一端），把角磨掉并打磨成圆弧形。

Check!　用锉刀或砂纸打磨后，皮革会变得毛糙，从而填补黏合后的缝隙。如果是用美工刀等裁切，圆弧就不会顺贴本体，进而产生空隙。

5 本体开口部中央凹陷的一侧（肉面侧），其两端对齐榔皮未打磨的一端。在贴齐侧边后就黏合起来。

6 以打磨后的榔皮一端为准，折叠本体，并贴合榔皮的另一面。

Check!　磨掉角的部分也要涂上黏合剂。

7 用推轮压黏合处。

8 在本体侧面，距离贴合榔皮的开口部 30mm 的位置做记号。

Check!　记号位置就是本体相反侧的开口部，而这个记号与方才贴的榔皮的中心就是对折点。若要改变榔皮厚度，就要考量到这点来调整记号位置。

9 对齐记号位置和未打磨的榔皮一端，再对齐侧边黏合。

10 以磨掉角的榔皮一端为准对折本体，并裁掉本体相反侧开口部的多余皮革。

11 贴合榔皮的另一面。

12 以本体内侧开口部榔皮外侧多一孔距离的位置为基点，用菱斩凿开 1 ~ 2 片榔皮深的线孔，当作凿穿线孔的记号。

13 在开口部外侧的基点，只有一片本体革的部分用圆锥戳出孔洞。

14 将本体翻过来，以⑬凿开的孔为基点，往底部如⑫般在同样位置凿孔。

15 在只有一片本体革的折叠部分，连接两边开口部并凿出线孔。

Check!　这边的线孔只是装饰，可随喜好省略。

16 为了保持强度，开口部的段差必须双重缝合。

Check!　缝线收尾处最好设定在不会外露的底部内侧。

完 成！

Ⓟoint*1*

包侧榔皮的裁切

重叠 3 片皮革，切成一样的宽度，制作本体侧面的榔皮。

准备 3 片边长 60mm 左右的皮革，将皮革重叠贴合后，当成榔皮包侧。由于还需要磨整，因此尽量选用可磨整的皮革。

01 若使用有皮面层的皮革，要先把皮面层磨粗，用黏合剂贴合后压黏。

02 把贴合后的榔皮裁成约 8mm 宽的条状。

Ⓟoint*2*

榔皮包侧的贴合

把条状榔皮一端的角磨掉，然后与本体有凹陷的开口部一侧对齐贴合。

01

榔皮一端的贴合面（不外露的那一面），用 400 号砂纸稍微打磨掉角。

02 在中央有凹陷的本体开口部一侧的两端，对齐榔皮未打磨角的一端，再对齐侧边并贴合。在榔皮有打磨角的一端以及榔皮另一面上涂上黏合剂。

03 对折本体，与榔皮打磨角的一端紧密贴合，然后对齐榔皮另一面的侧边黏紧。

Ⓟoint3

相反侧的贴合与凿孔

裁掉相反侧的多余皮革，贴合剩下的椰皮，最后在各部位凿孔。

在本体侧面，距离贴合椰皮的开口部 30mm 的位置做记号。

对齐记号位置和椰皮未打磨角的一端并贴合。对折另一侧的本体后，把开口部多余的皮革裁掉。

贴合所有黏着面（包含折叠处）。

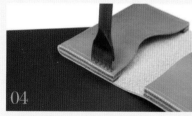

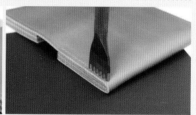

04

从内侧开口部边缘 1 个线孔外的位置往底部凿开线孔（但不贯穿），而开口部边缘外的基点用圆锥戳出孔洞（中间照片）。从开口部边缘的基点开始，本体外侧也用菱斩凿孔并贯穿。敲打菱斩时，务必注意菱斩要垂直。皮革越厚，线孔就越容易歪掉，造成针脚不齐。

Ａdvice

缝合时的要点

缝合椰皮包侧时，若从内外两侧凿开的线孔仍然没有贯穿，可用菱形锥一边凿穿孔，一边缝合。此外，由于皮革颇厚，手缝针有时难以抽出，可用钳子等夹出手缝针。

Ａdvice

椰皮包侧的应用

稍微改变前述竹叶形包侧卡片夹的构造（把本体底部切开），并用椰皮包侧代替竹叶形包侧，就能做出下方这种卡片夹。

宽包侧笔袋

在包身左右各自装上包侧的类型，
结构简单、容易做是最大的特色。
功能性好得无话可说，
若不知道要做什么，选这个准没错。
拉链的缝合需要一些窍门，
因此，初次尝试的人还请仔细跟着步骤制作。

两侧包侧为独立零件，而包身与包底一体成形，这种
构造是宽包侧的特征。

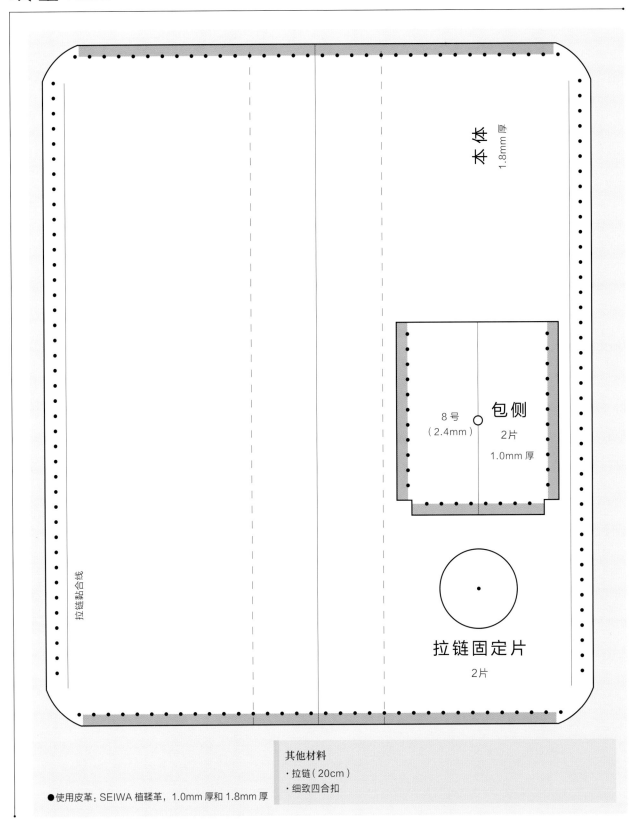

本体
1.8mm 厚

8号
（2.4mm）

包侧
2片
1.0mm 厚

拉链固定片
2片

拉链黏合线

其他材料

· 拉链（20cm）

· 细致四合扣

●使用皮革：SEIWA 植鞣革，1.0mm 厚和 1.8mm 厚

组 合 Assembly

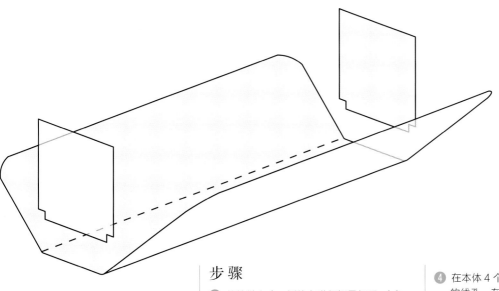

步骤

① 将拉链上止一侧的布进行折叠处理。（参照 P45 拉链的处理）

② 下止一侧则缝上拉链固定片，并装上四合扣的母扣。（参照 P88 拉链固定片的安装）

Check! 裁切拉链固定片时，使用 70 号（21mm）圆斩比使用美工刀更简单。

③ 在其中一片包侧上安装四合扣公扣。位置请参照纸型。

④ 在本体 4 个边凿出用来缝合包侧、拉链的线孔。在包侧 3 边也凿出缝合本体的线孔。

Check! 本书纸型上记有用 4mm 宽菱形锥来凿孔的线孔位置。若要使用 4mm 宽以外的尺寸，除了折叠线的基点与边缘线孔仍要对齐，其他线孔要一边调整，一边凿孔。

⑤ 在本体肉面层上描出拉链黏合线。

⑥ 在拉链两侧（拉链布边缘）贴上 2mm 宽的双面胶带，并对齐本体的黏合线贴上去。拉链上止一端要与本体的缝线记号一端对齐。

Check! 缝上拉链固定片的下止一端会突出本体。

⑦ 缝合本体与拉链两侧。

⑧ 贴合本体与包侧的黏合范围。

Check! 对齐事先凿好的线孔，黏合。两个零件的对应线孔可以一边黏合一边缝合，如此也不容易错开。

⑨ 缝合本体与包侧。

完 成 !

Advice

宽包侧笔袋需要诀窍的地方是拉链下止（后侧）的处理。为了让开口部可以张到最大，拉链会突出至本体的外侧。若在这里缝上拉链固定片，并装上四合扣，就可以扣在包侧上，避免拉链随意晃动。这个方法可以用在各种包类上，不妨先学起来。

包侧的形状可以改成圆形或三角形，这时候包身与包侧缝合的长度就必须进行灵活调整。考量到厚度或黏合范围，可能会有许多不匀称之处，这时可用碎皮料等先试过后，再进行微调。

Point 1

拉链固定片的安装

将拉链下止一侧的边缘折叠后黏合，并用圆形皮革夹住缝合。还请将针脚缝得漂亮些。

01

准备 1 条 20cm 长的拉链。圆形皮革可以用 70 号（21mm）圆斩裁切，方便、快捷。

02

在拉链固定片的肉面层随意贴上双面胶带，然后黏合 2 片皮革，暂时固定住。

03

沿着边缘画出 3mm 宽的缝线记号，接着用双菱斩凿出线孔。为了使线孔间隔均等，在凿孔前可以先好好测量位置。

04

中心用 12 号（3.6mm）圆斩凿开安装细致四合扣面盖的孔。

05

在拉链下止的布背面涂上橡胶糊，对齐内侧边缘，折叠后黏合。

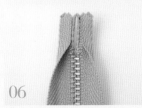

06

拉链布两侧都折起来的状态参照左图。接下来稍微撕开暂时固定住的拉链固定片，夹住拉链下止外侧的布。

07

连同拉链布一起缝合，并在圆孔上安装四合扣就完成了。

Belt gusset pen case

圆弧包侧笔袋

使用圆弧包侧这种独特设计，

让笔袋看起来更有型。

圆滚滚的外形是一大特色。

夹进带状零件并采用内缝法缝合，

给人留下较为高雅的印象。

立体组装是制作时的要点。

如同本体包住开口部般的奇怪构造。可以收纳很多东
西，具有优异的功能性。

●使用皮革：SEIWA 植鞣革，1.0mm 厚和 1.8mm 厚

40 号

开口框 1.0mm 厚

拉链黏合线

40 号（12mm）

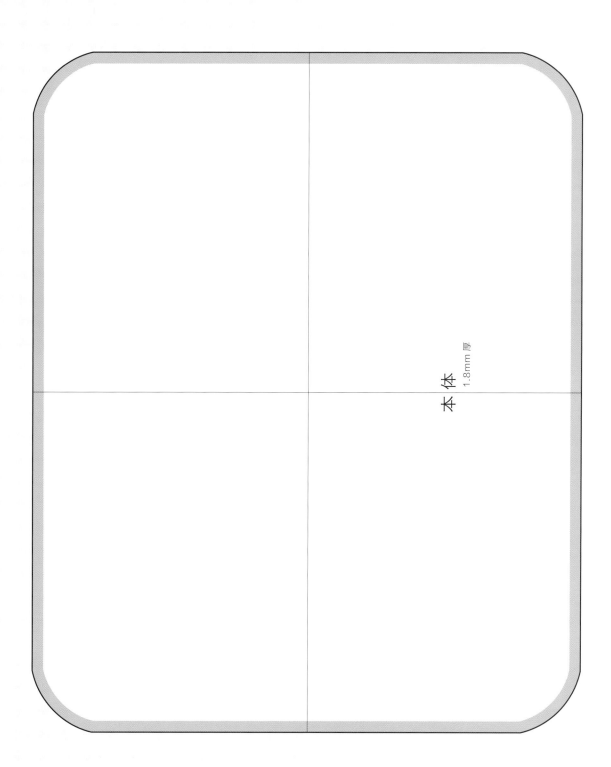

本体
1.8mm厚

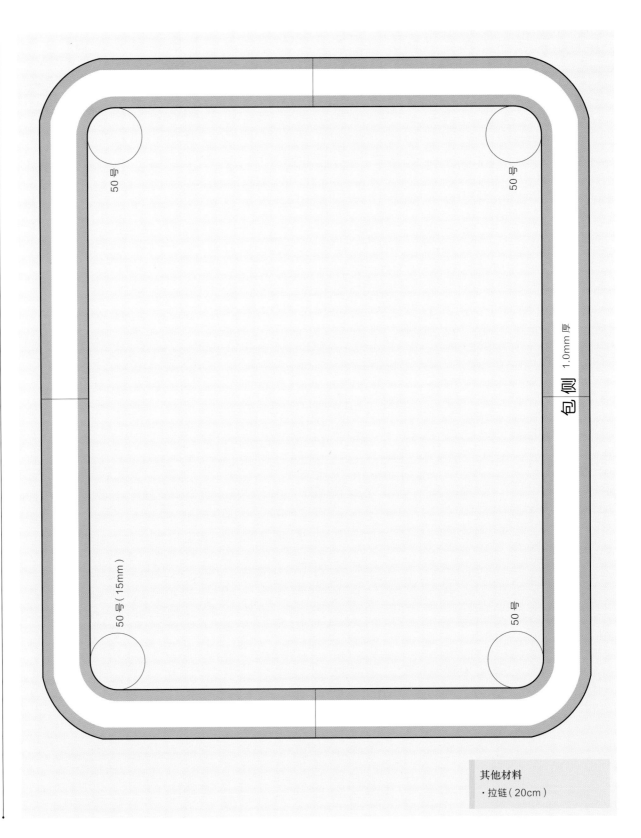

50 号

50 号

1.0mm 厚

包

50 号（15mm）

50 号

其他材料

·拉链（20cm）

组合 Assembly

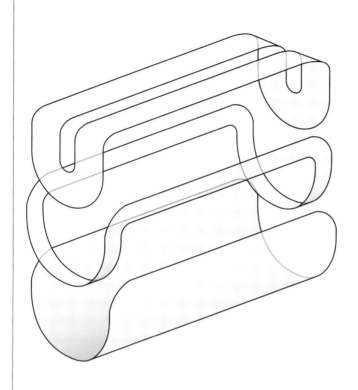

步骤

1 在各零件边缘做出中点记号。

Check! 可用锥子等从纸型中央描到皮革上。

2 在开口框的内侧（与拉链缝合的部分）画上缝线记号，凿出线孔。

3 在拉链布两侧贴上 2mm 宽的双面胶带，然后与开口框贴合。

Check! 将拉链放在下方，对齐开口框的长孔并贴合。

4 缝合拉链与开口框。

5 将开口框的外侧与包侧的内侧边缘贴合。对齐 4 个边的中央后，用黏合剂黏合。

6 缝合黏合部分。

7 贴合本体与包侧的外侧边缘。

8 缝合本体边缘一圈，作品就完成了。（步骤②～⑦在 Point "圆弧包侧的组合" 中有详尽解说）

完 成 !

Advice

　　一边折弯零件，一边组合成立体的圆弧包侧。若在黏合时左右不对称，整体就会歪曲。可用锥子将纸型的中央线记号转描到零件上，作业时务必密切注意是否对齐。尤其是圆弧部分，各部位都得是同样的形状。

　　若希望能做得更正式点，不妨参考在内侧缝上内衬的构造。只要在本体与开口框零件上事先贴好薄皮革就行了。推荐使用猪革等柔软的皮革。

Point

圆弧包侧的组合

圆弧包侧笔袋的组合步骤稍有些复杂，所以要配合照片来解说。对齐中央黏合是至关重要的环节。

01

在开口框内侧与外侧的边缘都画上缝线记号，并在内侧凿出一圈线孔。

02

在拉链两侧的最外缘贴上 2mm 宽的双面胶带。将拉链平放在下，放上开口框贴合。务必一边确认拉链是否有左右偏移，一边贴合。

03

缝合事先凿好的线孔，安装拉链。若从中央 Ⓐ 处开始起针，皮件会比较耐用。不过，若想让连接处不那么显眼，则应从端点 Ⓑ 处起针。

在包侧的内外侧与本体外侧画上缝线记号（一部分的线也用来标示黏合范围）。

开口框外侧与包侧内侧是皮面层相互黏合，为了黏得更紧，要先刮粗表面（缝线记号外侧的范围）。

在刮粗部分涂上黏合剂。

确保对齐两侧的中央记号后黏合。

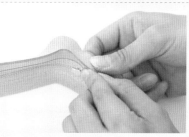

08

两端也对齐中央记号后黏合。剩下的部分贴合成自然的弧度。

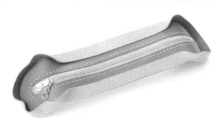

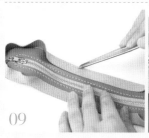
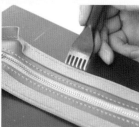

09

在包侧画出一圈缝线记号，然后凿出线孔。

Point 圆弧包侧的组合

缝合开口框与包侧。

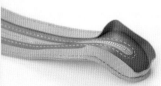

缝合后的状态。

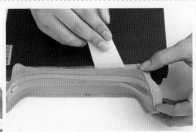

在本体肉面层的外侧与包侧肉面层的外侧涂
上黏合剂。

与先前相同，对齐中央记号后贴合，剩下的
部分则贴合成自然的弧度。

在外侧凿出一圈线孔，缝合后就完成了。由
于皮革侧边外露，所以可磨整至圆润，看起
来更漂亮。

One-piece gusset pouch

一体式包侧手拿包

女生非常喜欢的圆滚滚的造型。翻盖用装在内侧的磁扣来扣住。用来藏住磁扣扣脚的皮革也酝酿出浪漫的风情。

从包身一端到另一端横向连接的
就是一体式包侧。
这种设计常见于单肩包、
手拿包等多种包款上。
翻盖与后包身使用不同颜色的皮革，
可做出令人印象深刻的双色调。

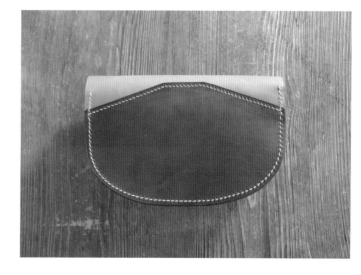

●使用皮革：SEIWA 植鞣革，1.0mm 和 1.8mm 厚

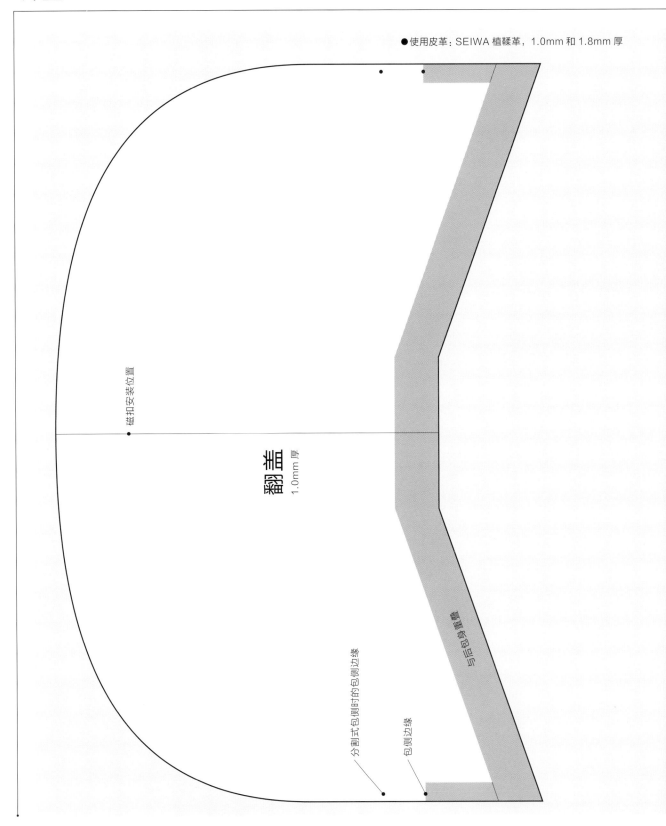

翻盖
1.0mm 厚

磁扣安装位置

分割式包侧时的包侧边缘

包侧边缘

与后包身重叠

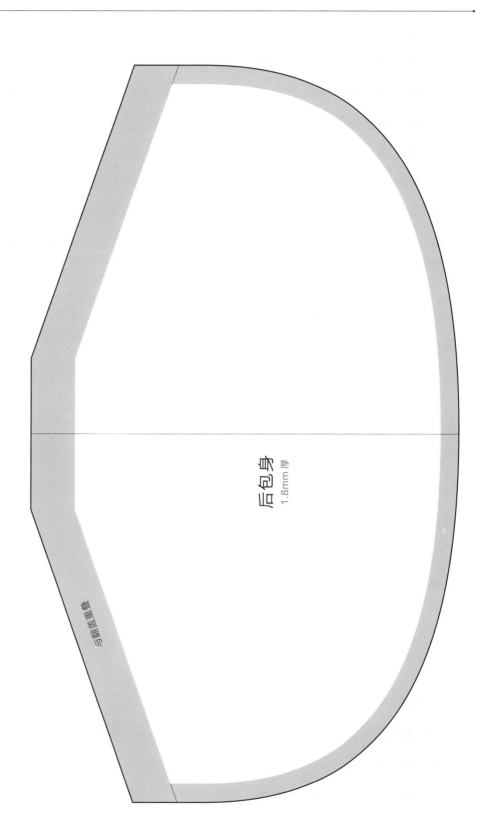

后包身
1.8mm 厚

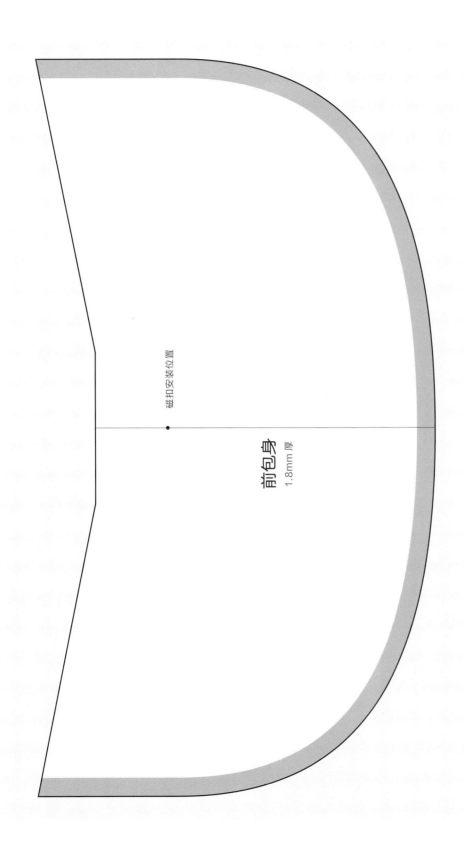

磁扣安装位置

前包身
1.8mm 厚

包侧

※仅为一半长度（从中央侧连接）

1.0mm 厚

中央

前端

其他材料
· 磁扣
· 圆皮革
（裁切得比磁扣大上一圈）

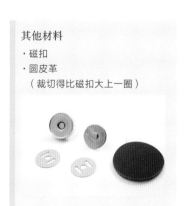

组合 Assembly

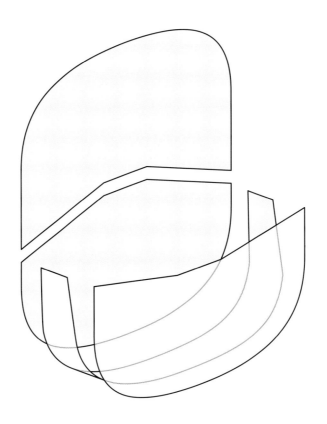

步骤

① 重叠并贴合翻盖与后包身，然后在距离后包身侧边 4mm 左右的位置缝合。

　　Check!　起针处与收尾处都在距离包侧 4mm 左右的位置。

② 在前包身、后包身、包侧底部中央做出黏合时可清楚辨识的记号。

③ 将纸型放在翻盖的肉面层上，在包侧的开口部一侧做出黏合位置的记号。

　　Check!　这个记号位置也在起针处或收尾处。

④ 在包侧两长边距离边缘 5mm 左右的位置画上缝线记号。

⑤ 在包侧的皮面上稍微拍上些水，然后沿着④所画的缝线记号折弯，立起黏合范围。

　　Check!　缓缓弯曲整个包侧以配合包身弧度，调整好包侧形状。

⑥ 贴合包侧与后包身。先贴合各零件的中央，接着贴合③所做的记号与包侧边缘，最后贴合剩下的部分。

⑦ 从包侧沿着④所画的缝线记号凿开线孔，并缝合开口部的一端到另一端。

⑧ 在翻盖与前包身上装上磁扣。

　　Check!　也可用原子扣、锁头等代替磁扣，改变翻盖的固定方式。

⑨ 与后包身相同，贴合包侧与前包身，最后从开口部一端缝合到另一端就完成了。

完成！

oint 1

缝合翻盖与后包身

先缝合翻盖与后包身，再对齐
包侧做成一整个部件。

制作缝合翻盖与后包
身的零件，做出 3 件
本体的构成零件。

oint 2

做底部的中央记号

贴合本体与包侧时的基准记号
标示在后包身、前包身以及包
侧的中央。

参照纸型，在后包身、
前包身的底部中央以
及包侧两边的中央做
出记号。

oint 3

在翻盖两侧
做出对齐记号

除了各中央的对齐记号，把包
侧两端的对齐位置也标示在翻
盖两侧的肉面层上。

将翻盖与纸型对齐，
做出包侧边缘的对齐
记号。

Ⓟoint4 立起包侧的黏合范围

为了使包侧更容易贴到包身上，要立起包侧两侧的黏合范围。拍些水，确保折出折痕。

在包侧两长边距离边缘 5mm 左右的位置画出缝线记号。

包侧的皮面层吸收了水分后，以缝线记号为准，将两侧往皮面层折弯。压上直尺，可以折出更漂亮的折痕。

把包侧两侧折成如照片所示的状态。

Ⓟoint5 贴合包侧与后包身

贴合包侧与后包身时，先对齐底部中央，接着对齐各端点，最后再贴合中间的曲线部分。

准确对齐、贴合包侧与后包身各自底部中央标示的记号。

将翻盖两侧的对齐记号与包侧边缘贴合，最后再黏合中间的曲线部分。

贴合完包侧与后包身的状态。前包身也以相同方式黏合。

Point*6* 磁扣的安装方式

折脚式的磁扣，不论是公扣还是母扣，安装方式都相同。割开缺口，穿过扣脚，放上底座，再折弯扣脚即可。

01

将磁扣安装位置的中心与磁扣中心对齐，用磁扣的脚压出缺口记号。

02

依照记号用美工刀割开皮革。

03

将磁扣扣脚穿过缺口，在背面放上底座。

04

把扣脚往外折，再用木锤等压平，固定住底座。

05

安装好磁扣的状态。

06

安装好磁扣公扣的状态。折脚的方向朝内或朝外都可以，此处为了在表面贴上圆皮革，所以朝内折。

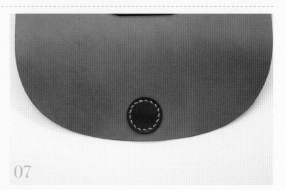

07

为了隐藏磁扣的底座，裁出比磁扣大一圈的圆皮革，然后缝合。可随个人喜好做变化。

分割式包侧手拿包

与一体式包侧构造几乎相同，
但需要再切割成包侧与包底的形式。
连接处的角度锐利，相当挺立，
看起来很有威严。
这种制作方式也能用在相当正式的包款上，
应用面很广。

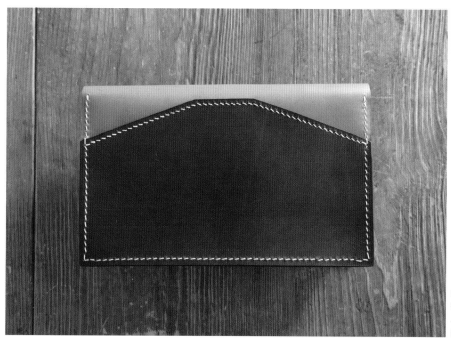

整个作品由前后包身、翻盖、两侧及底部4个部件组成，使用磁扣扣住。虽然与一体式包侧手拿包的要素相似，但风格却迥然不同。

后包身
1.8mm厚

与翻盖重叠

磁扣安装位置

前包身
1.8mm 厚

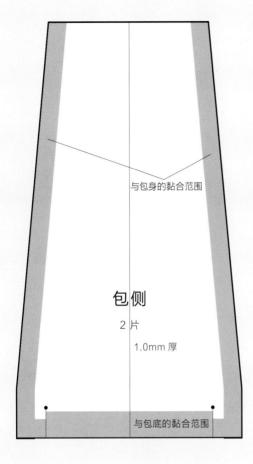

包 侧

2 片

1.0mm 厚

与包身的黏合范围

与包底的黏合范围

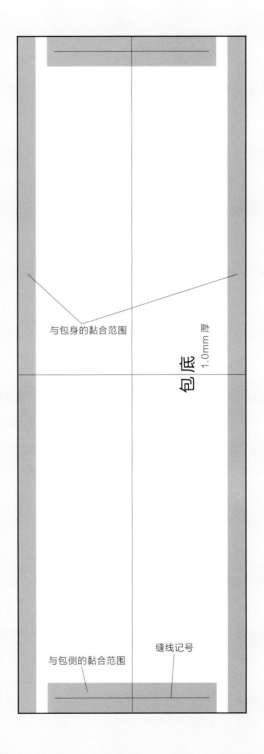

与包身的黏合范围

包 底

1.0mm 厚

缝线记号

与包侧的黏合范围

其他材料

· 磁扣

组合 Assembly

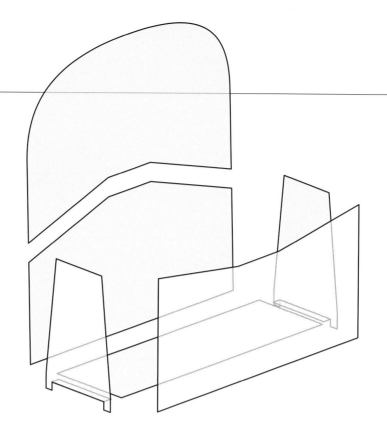

步骤

① 重叠、贴合翻盖与后包身，并在距离后包身侧边 4mm 左右的位置缝合。

Check! 起针处与收尾处都在距离包侧 4mm 左右的位置。

② 将翻盖（肉面层）与纸型对齐，在包侧的开口部一侧做出黏合位置的记号。

Check! 这个记号位置也是起针处或收尾处。

③ 将包侧与纸型对齐，在要割出缺口的位置做上记号。

④ 沿着记号垂直割出缺口。

⑤ 刮粗缺口内侧距离边缘 4mm 的范围。

Check! 由于这个部分与包底、前后包身贴合后会外露，所以要小心，不要刮粗到黏合范围以外。

⑥ 磨整包底两短边的侧边。

Check! 因为跟包侧连接后会很难磨整，所以连接前一定要磨整好。

⑦ 立起包侧缺口的两边，黏合⑤刮粗的部分与包底。

⑧ 依照包底纸型画出缝线记号，凿出线孔并缝合。也同样缝合相反侧的包侧，将包侧与包底接在一起。

⑨ 在整条包侧的两长边画出距离边缘 5mm 宽的缝线记号。

⑩ 将整条包侧与后包身、翻盖黏合。贴合时，先将底部中心对齐，再往两边一边对齐边缘，一边贴合。

⑪ 贴合角的部分时，包侧与包底的连接处要折成直角，并改变⑦所立起包侧边缘的方向，对齐角与后包身的角贴合。

⑫ 对齐后包身侧面边缘，黏合到②在翻盖上标示的黏合位置。

⑬ 沿着⑨所画出的缝线记号凿开线孔。当作基点的包侧的角，用圆锥凿开线孔。

⑭ 用圆锥将⑪中折成直角后贴合的缺口处凿开线孔（比基点靠近底部）。

⑮ 把缺口的线孔当作新的基点，凿线孔到另外一角的基点。

⑯ 将包侧从角的基点到开口部的端点部分都凿出线孔。

⑰ 沿着凿开的线孔缝合整条包侧与后包身（包括翻盖）。

Check! 由于此处缝合距离较长，可以底部中心为分界，分两次缝合。

⑱ 在前包身与翻盖上安装磁扣。（请参考前项作品）

⑲ 贴合包侧与前包身，凿开线孔后缝合。（步骤与后包身相同）

完成！

Point 1

制作一体式包侧

连接包底与包侧，就能做出一
整条包侧。要注意连接处的缺
口和侧边磨整等重点。

01

参照纸型，做出各包侧的缺口
记号。

02

从记号位置，往与包底连接的方向垂直割出
缺口（左方照片）。接着刮粗各缺口内侧距
离边缘4mm的范围（黏合范围）。

03

磨整包底两短边的侧
边。

04

立起包侧缺口的两边，对齐步骤02磨粗的范围与包底的黏合范围，
然后贴合。

05

在包底画出缝线记号。

06

将包底两端都与包侧缝合，一条一体式包侧就做成了。

Point 2 贴合一体式包侧与后包身

分割式包侧与各包身的贴合与
前述的一体式包侧基本相同，
只在折成直角和两角的处理方
法上有差异。

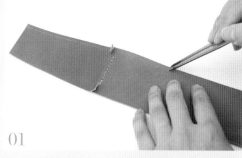

01

在一体式包侧的两长边，距离
边缘 5mm 宽的位置画出缝线
记号。包侧立起的部分也与包
底一同画出缝线记号。

02

在一体式包侧与后包
身各自的黏合范围内
涂上黏合剂。包底的
立起部分（照片位置）
也要涂上黏合剂。

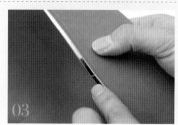

03

先对齐底部中心，接
着一边往两侧面对齐
侧边，一边贴合。

04

黏到侧面的端点后，包侧的立起部分要突出
包底外侧。

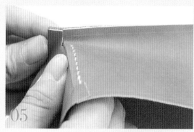

05

将包底与包侧的连接处折成直角，然后贴合
包侧的立起部分与后包身的角。

06

包侧剩下的侧面往开
口部黏合。

07

一体式包侧与后包身
黏合完成的状态。

P oint3 凿出线孔

分割式包侧与各包身缝合时的
线孔，以折成直角的角为基点。

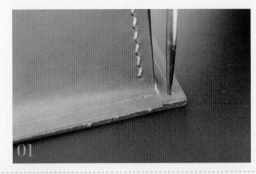

在与包身贴合的包侧立起部分、
缝线记号交叉的位置，用圆锥
凿开基点线孔。

基点旁缺口部分也用圆锥凿孔，并以此孔为基点，在包底的缝线记
号上压出凿孔记号。

略过步骤02说的缺口，沿着压出的记号凿开线孔。没有缺口的
包侧，也同样从基点压出记号，并沿着记号凿孔。

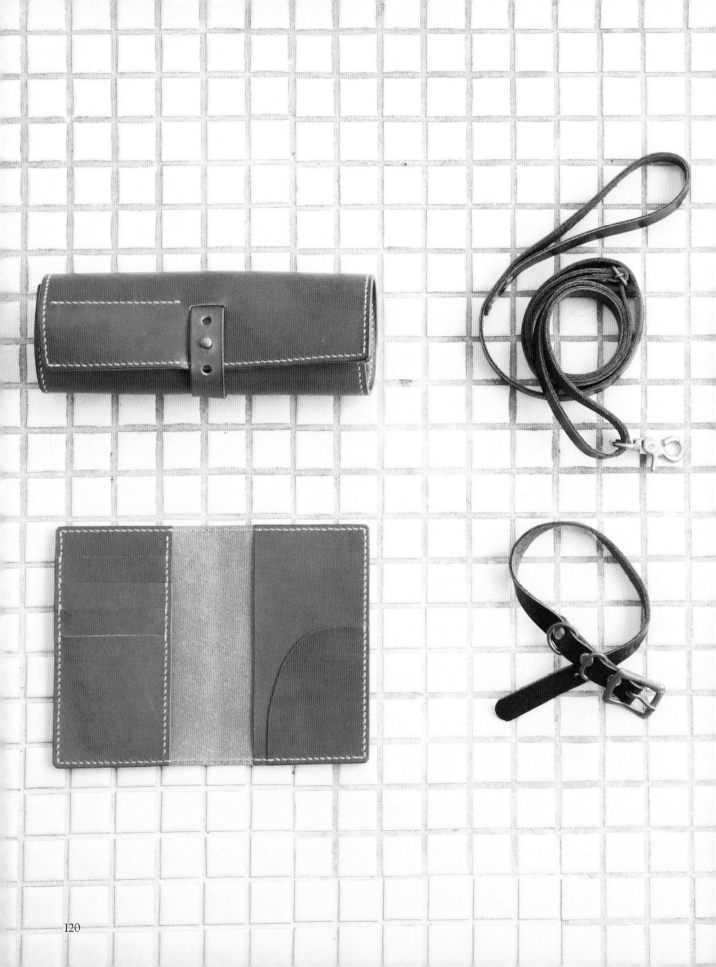

皮革爱好者
出门必备
的皮件

做了这么多皮包，

还要做些不同的皮件。

对于这样的爱好者们，

我们再介绍 6 款变化丰富的皮革小物。

还请您借由多样的技巧，

变化尺寸或形状，创作自己原创的作品。

Dog collar

项圈

只要将皮带穿过皮带扣或 D 环，
固定好就能完成。
朴实、低调的皮带与风格成熟的黄铜是
绝配。
还请参考家中爱犬的体格与个性，
为它制作适合的项圈。

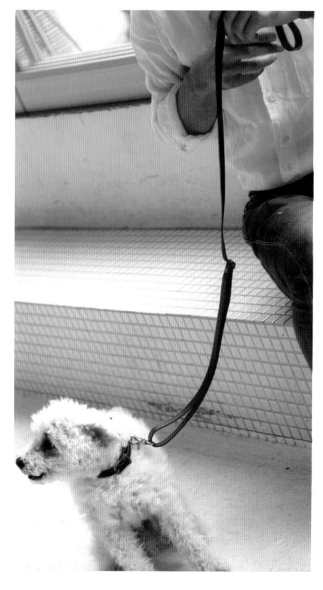

如果项圈尺寸与狗狗体格相符合，皮带
扣用的孔只有一个也无妨。装上铃铛，
做一个猫用项圈也很有趣。

纸型 Pattern

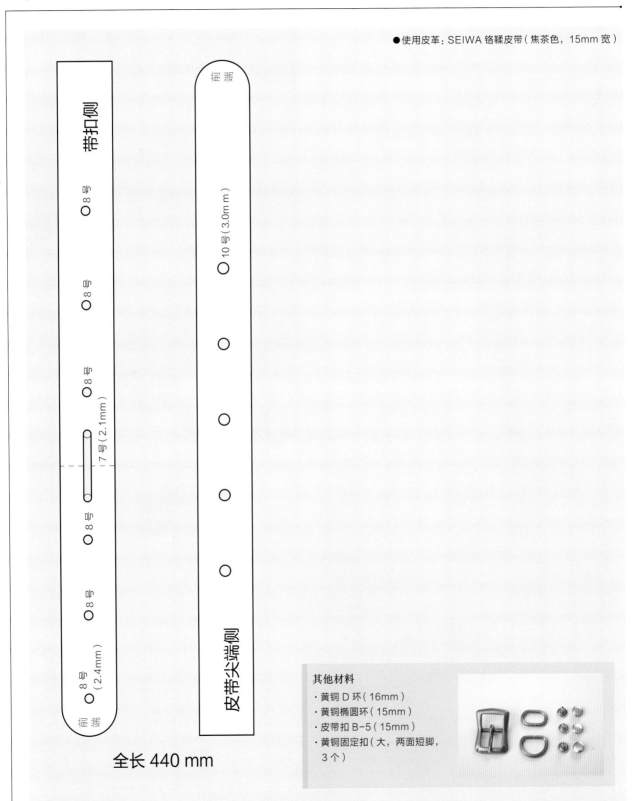

●使用皮革：SEIWA 铬鞣皮带（焦茶色，15mm 宽）

带扣侧

○8号

○8号

○8号

○7号（2.1mm）

○8号

○8号

○8号（2.4mm）

前端

10号（3.0mm）

皮带尖端侧

前端

全长 440 mm

其他材料

· 黄铜 D 环（16mm）
· 黄铜椭圆环（15mm）
· 皮带扣 B-5（15mm）
· 黄铜固定扣（大，两面短脚，
　3 个）

组 合 Assembly

步 骤

❶ 将大约 440mm 长的皮带两端与纸型对齐,凿出圆孔。

❷ 将皮带针插进缺口，把皮带穿进皮带扣中。

Check! 注意皮带针的方向要朝向外侧。

❸ 将皮带扣旁边的孔用固定扣固定住。

❹ 穿过椭圆环。

❺ 旁边的孔用固定扣固定住。

Check! 正反面的圆孔是错开的，因此可以做出塞进椭圆环的空间。

❻ 穿过 D 环。

❼ 将旁边的孔用固定扣固定住。

Advice

只要不搞错穿过金属配件的顺序，然后在特定位置敲进固定扣就完成了，非常简单。若能确保安装好固定扣，皮带的强度也会更好。

纸型上皮带尖端侧的圆孔位置，是按照中小型犬的平均颈宽设置的，还请大家依自己的爱犬颈宽进行微调。若要用在大型犬上，可使用 30mm 宽的 SEIWA 铬鞣革，并把两条皮带贴合缝纫后再制作，或者可以使用更厚更硬的植鞣革。

虽然需要留意皮革的宽度和厚度等要素，但金属配件或皮革的选择很多，可以自由地选用喜欢的素材来制作。除了本书这种凝练的色调外，也可选择装饰华丽的风格。

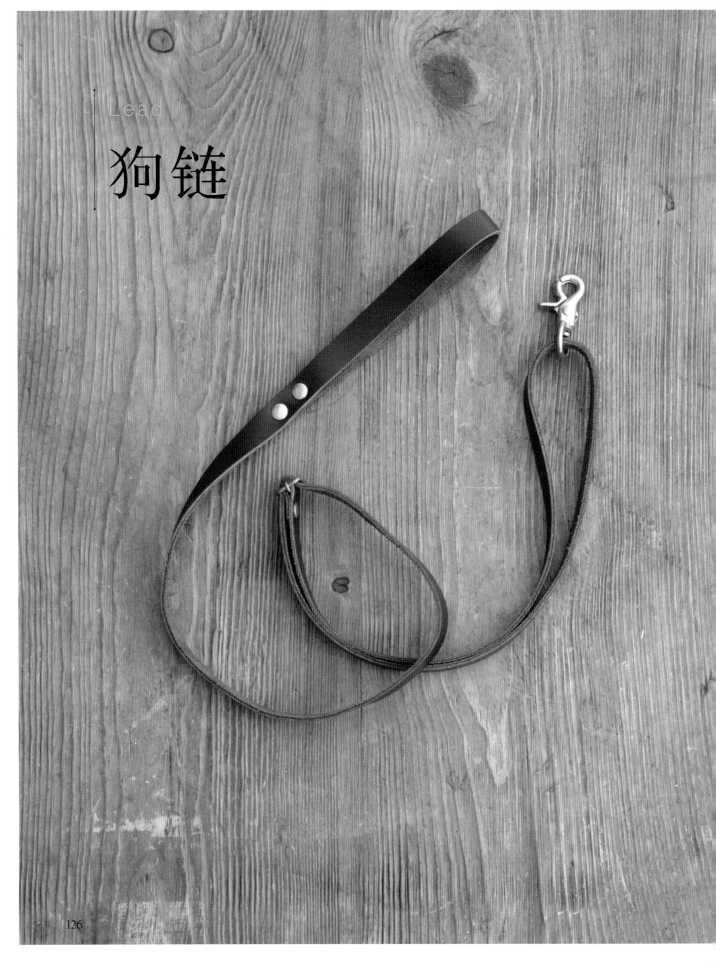

Lead

狗链

与项圈为同一组，

使用柔软的铬鞣革，可以一起制作。

使用颜色相同的金属配件，更能突出整体感。

使用了调节扣这种金属配件，

就能调整长度，非常便利。

因为使用了相同的皮带与金属配件，设计也一致，建议备齐材料后与项圈一起制作。

纸型 Pattern

●使用皮革：SEIWA 铬鞣皮带（焦茶色，15mm 宽）

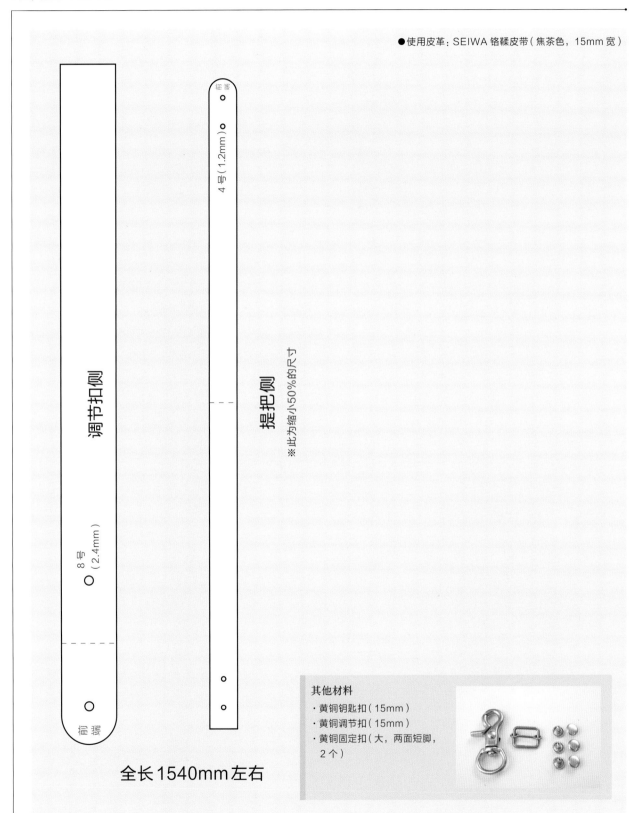

4 号（1.2mm）

提把侧
※此为缩小50%的尺寸

调节扣侧

8 号
（2.4mm）

全长 1540mm 左右

其他材料
· 黄铜钥匙扣（15mm）
· 黄铜调节扣（15mm）
· 黄铜固定扣（大，两面短脚，
　2 个）

组合 Assembly

步骤

① 准备一条长约 1540mm 的皮带。

② 两端如纸型所示凿孔。

③ 将调节扣一侧的边缘穿过调节扣的轴心，然后用固定扣固定住。

④ 将提把侧穿过钥匙扣。

⑤ 将提把侧再穿过调节扣。

⑥ 折弯提把侧，用固定扣固定 2 组圆孔。

Advice

　　虽然穿过调节扣的方法有些复杂，但只要习惯了固定扣的安装方式，便能轻松完成。不妨用各种颜色的皮革与配件来做，找出最喜欢的色彩搭配。

　　皮革只要有 2mm 厚就相当坚韧了，不会被轻易切断、撕裂。但若要用在大型犬上，可能还是会有一些担心。这时可以贴合两条皮带，或活用防伸展胶带等方法来补强皮带。缝合两侧也是好方法，不过由于缝合长度相当长，缝合作业会变得相当麻烦。

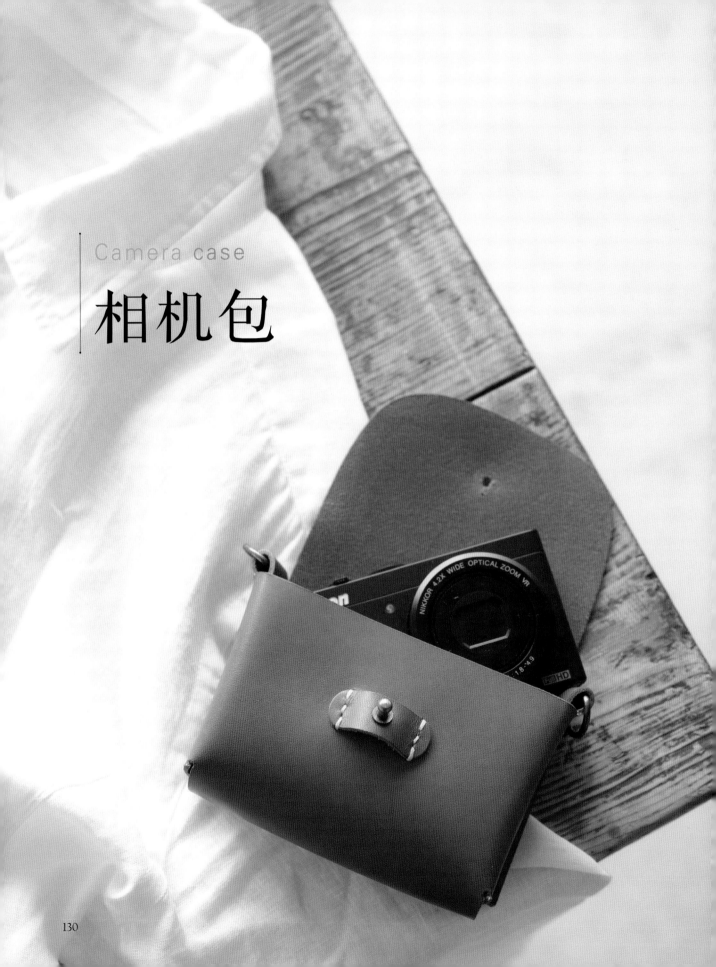

Camera case

相机包

此为可以收纳轻便型数码相机的小包。

构造简单，只要黏合就能成形。

本体两端还装上了用来扣住背带的 D 环。

这款包也非常适合作为儿童小背包使用。

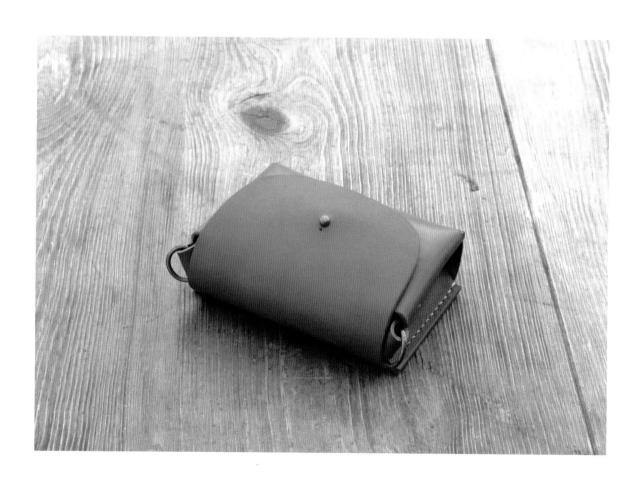

纸 型 Pattern

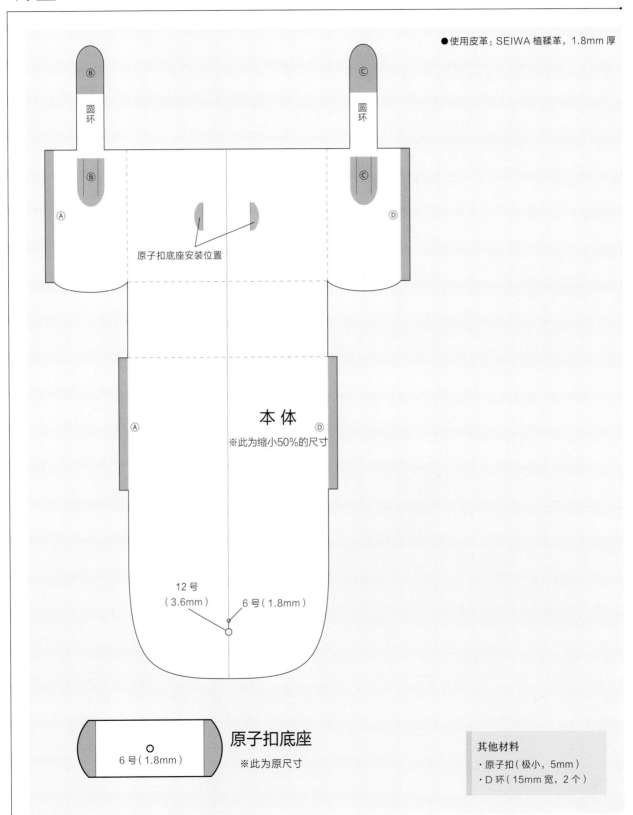

●使用皮革：SEIWA 植鞣革，1.8mm 厚

圆环

圆环

Ⓑ Ⓒ

Ⓐ Ⓓ

原子扣底座安装位置

本 体

※此为缩小50%的尺寸

12 号
（3.6mm）

6 号（1.8mm）

原子扣底座

6 号（1.8mm）

※此为原尺寸

其他材料

· 原子扣（极小，5mm）

· D 环（15mm 宽，2 个）

组 合 Assembly

步 骤

① 本体翻盖部分的 2 处记号用圆斩凿孔，并割开连接两孔的缺口，用来扣住原子扣。

② 在原子扣底座上凿孔，安装原子扣。

③ 将原子扣底座与前包身缝合。

④ 包侧的圆环穿过 D 环，然后往肉面层折（B/C）并贴合。

⑤ 缝合黏合的地方。

⑥ 稍微拗折本体的虚线，贴合包侧的侧面与后包身的侧面（A/D）。

⑦ 缝合黏合的地方。

完 成！

ⓟoint

原子扣底座的用法

为了避免扣住翻盖时损伤收纳在内的相机，我们在前包身上缝制了底座。

并非直接在前包身安装原子扣，而是设置一个独立底座来安装原子扣。

将手指插进底座与前包身的缝隙中，从下面把原子扣往上推，扣住翻盖。

Neck strap

背带

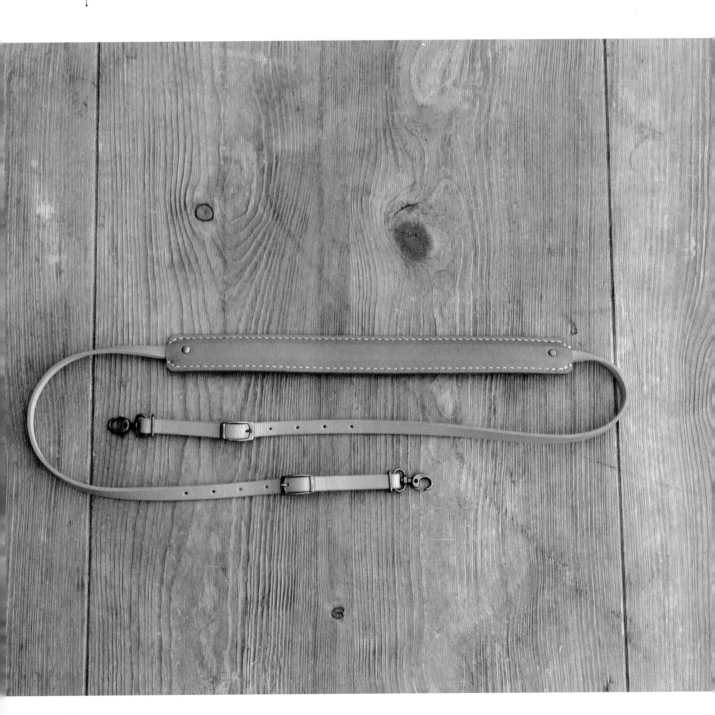

在两端装上钥匙扣与皮带扣，

在中间套上肩垫。

这条万能型背带可用在多种提包或小肩包上。

当然，它与前面介绍的相机包更是绝配，

不妨试一下吧。

如果没有长度调节功能，需事先调
整好适合使用者的长度。除了搭配
相机包，也是让其他皮具更为方便
的利器。

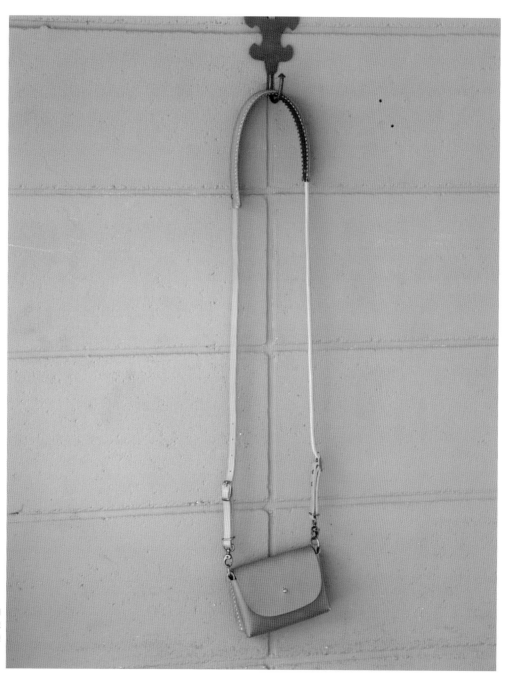

纸 型 Pattern

纸型在书末的附件页背面

●使用皮革：SEIWA 植鞣皮带，10mm 宽
　　　　　SEIWA 植鞣革，1.0mm 和 1.8mm 厚

其他材料
· 钥匙扣（12mm，2 个）
· 皮带扣 B-24（10mm，2 个）
· 小环 K-1（12mm，2 个）
· 固定扣（小，两面短脚，6 个）
· 再生革芯材（1.0mm 厚）

Advice

　　由于使用时背带会压迫到肩膀，因此要在肩垫内放入芯材，使肩垫的形状平整。用肩垫正面、芯材、背面等零件夹住皮带。注意，与肩膀接触的背面务必要保持平整。另外，用于背面零件的皮革建议使用不易掉色的种类（详情可询问皮革店内的店员）。

　　背带两端的金属配件具有调节长度的功能，其安装顺序会有些复杂，不过组装本身很简单，只要用固定扣固定住即可。折弯后重叠的部分，若能事先斜向削薄边缘，制作时会更轻松，作品的形状也会更洗练。

步 骤

① 裁出一条长约 1400mm 的皮带，依照纸型将皮带的两端凿孔。

② 若事先对皮带两端削薄，成形后会更好看。（请参照 Point1 皮带的削薄方法）

③ 将皮带两端穿过钥匙扣、小环、皮带扣，接着用固定扣固定好。（请参照 Point 2 安装金属配件的步骤）

④ 依照纸型裁切出肩垫与芯材。肩垫正面的长度与背面相同，不过裁切时比背面多裁宽 10mm 左右。

⑤ 并排对齐背带与肩垫的中央，把肩垫的长度描到背带上。

⑥ 在肩垫背面的肉面层与芯材的其中一面上涂上黏合剂，对齐中央贴合。

⑦ 在芯材另一面和背带的背面也涂上黏合剂，对齐中央贴合。

⑧ 在肩垫正面的肉面层上涂上黏合剂，然后盖到背带上，黏合两侧与肩垫背面。

Check!　为了避免歪斜，可以夹进纸张，从边缘开始小心地黏合。

⑨ 将肩垫翻过来，把正面两侧多余的部分从背面裁掉。

⑩ 缝合肩垫两侧，然后在两端任意位置安装上补强用的固定扣就完成了。

Check!　肩垫的角可以随喜好裁成斜角等形状。

P oint 1 皮带的削薄方法

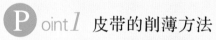

准备好适合长度的皮带后，将两端肉面层进行斜向削薄（范围 20~30mm）。可放在玻璃板上，像图中那样用美工刀斜向削薄。

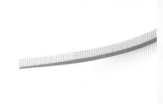

用上面的方法削薄后，尖端会起毛糙，厚度不会完全被削掉，这时可如同左方照片般用美工刀切掉。切口越平顺越好，若有段差或凹凸不平处，再仔细进行微调。

Point2 安装金属配件的步骤

01 将皮带前端穿过皮带扣。皮带针要朝向外侧（皮带前端一侧）。
02 再穿过小环与钥匙扣。

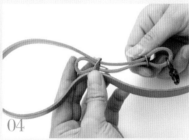

03 从钥匙扣位置折回前端，再次穿进小环。
04 将皮带绕进皮带扣的轴心。

05 拉动皮带，把皮带拉到固定扣用的圆孔对齐处。
06 用固定扣固定圆孔。

最后，设置好皮带与皮带扣，调整整体形状。

Passport case

护照夹

可以轻松收纳护照的书本型多功能皮夹。

除了 4 层的卡片夹之外，

还有一个简易的万用夹。

随时不离身的重要物品，

就用皮革好好保护吧。

先在内衬上缝上卡片夹与万用夹，然后缝合
全体。这种结构很常见，常用在钱包、笔记
本套等皮件上。

●使用皮革：SEIWA 植鞣革，1.0mm 厚

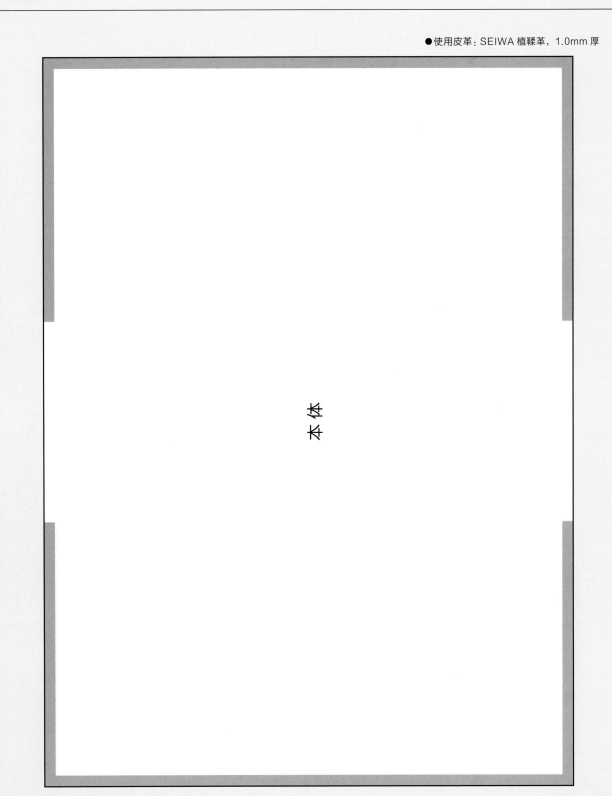

本体

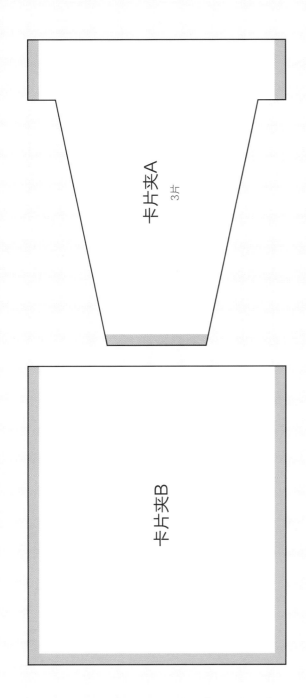

卡片夹A

3片

卡片夹B

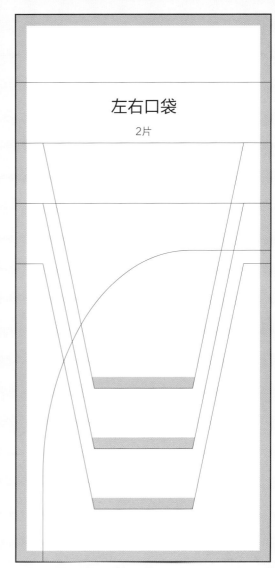

左右口袋

2片

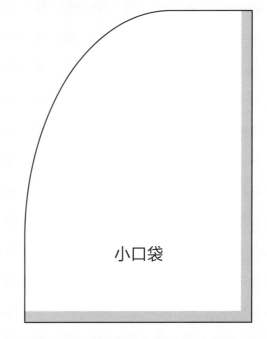

小口袋

组 合 Assembly

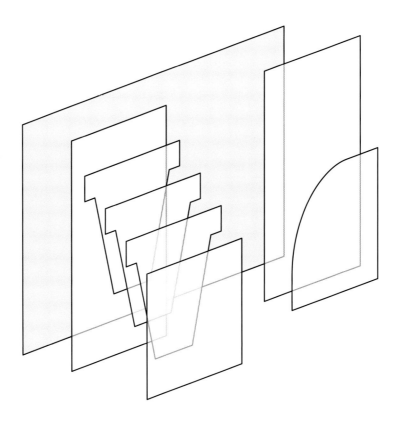

步 骤

1. 在右口袋上贴合小口袋。

2. 在左口袋上贴合其中一片卡片夹 A 的下缘。

3. 缝合刚才贴合的下缘。

4. 重叠刚才缝合的卡片夹，以同样的方法，把剩下 2 片卡片夹 A 缝到左口袋上。

5. 将卡片夹 B 贴合到左口袋上（开口部不要黏合）。

6. 缝合左口袋的右侧。

7. 贴合左右口袋与本体。

8. 缝合本体所有的边缘。

9. 可依个人喜好裁掉角或磨整侧边。

完 成！

oint

左口袋的制作方式

左口袋可收纳数张卡片，并设有区隔。按照顺序重叠黏合 V 字形的卡片夹 A，在底部贴合上卡片夹 B，缝合右侧就完成了。

组成左口袋的所有零件。如同纸型所示，当作基底的左右口袋是相同的。

01

缝合第 1 片卡片夹 A 的底边与左口袋。

02

将第 2 片卡片夹 A 重叠上去，缝合底边与口袋。第 3 片也同样缝合，最后黏合所有卡片夹 A 的两侧边。

03

将卡片夹 B 重叠到第 3 片卡片夹 A 上，并贴合开口部以外的 3 边。

04

缝合右侧就完成了。剩下的边与本体一起缝合。

Tool bag

工具包

此工具包可以卷起来，用吊带挂起来。

若想要挂在单车的横梁上，

就一同制作专用的吊带吧。

直接使用也可以当成笔袋，

是款应用范围很广的皮件。

把缝在本体上的固定带一端塞进缺口
中，用原子扣扣住，就能稳固地包起来。

147

●使用皮革：SEIWA 植鞣革，1.0mm 和 1.8mm 厚

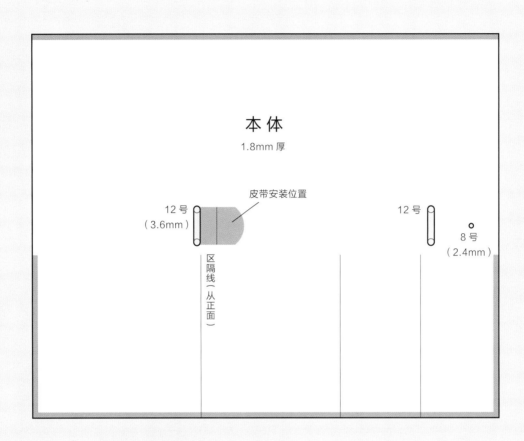

本 体

1.8mm 厚

皮带安装位置

12 号
（3.6mm）

12 号

8 号
（2.4mm）

区隔线（从正面）

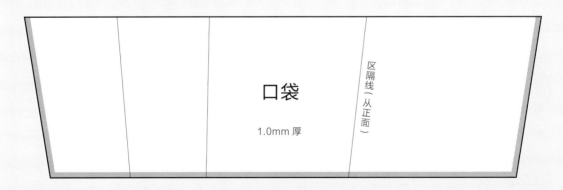

口袋

1.0mm 厚

区隔线（从正面）

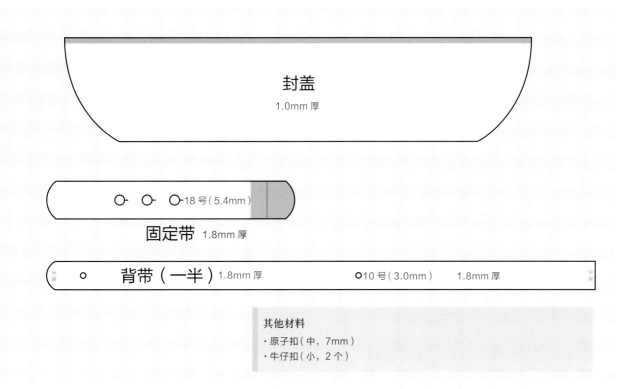

封盖
1.0mm 厚

固定带 1.8mm 厚

○—○—○—18 号（5.4mm）

尖端　背带（一半）1.8mm 厚　○10 号（3.0mm）　1.8mm 厚　中央

其他材料
·原子扣（中，7mm）
·牛仔扣（小，2 个）

组 合 Assembly

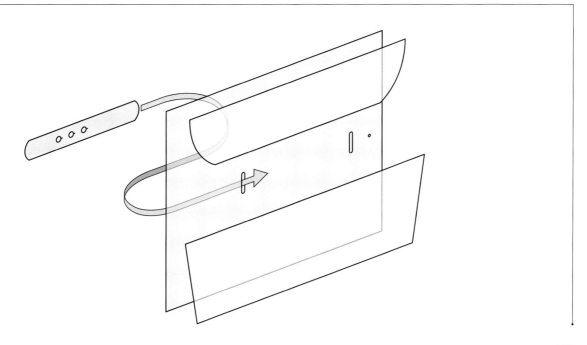

步 骤

① 用圆斩将固定带凿孔，并在圆孔旁边割出小缺口。

② 用圆斩将本体凿孔（共5处）。

③ 连接圆孔，割出用来穿过固定带的缺口。

④ 在本体与口袋的各区隔线上凿出同样数目的线孔。

⑤ 将固定带的前端从本体正面穿过中央缺口。

⑥ 缝合固定带与本体。

⑦ 缝合封盖与本体。

⑧ 缝合口袋的长边与本体。

⑨ 缝合口袋的各区隔线。

⑩ 缝合本体两侧与口袋两侧。

⑪ 安装原子扣。

⑫ 用圆斩将背带凿孔，安装牛仔扣。

完 成 !

oint

牛仔扣的安装方式

在背带两端安装牛仔扣时，必须使用设有凹槽且与牛仔扣面盖大小相符的敲打台（万用环状台），以及牛仔扣专用的打具（牛仔扣打具）。

固定背带两端的牛仔扣。此处虽然只在固定端用面盖，若是多准备一组面盖，在扣子两边都装上面盖也没关系。

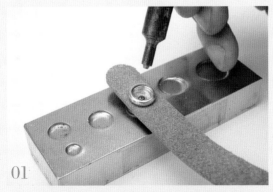

01

把面盖放在环状台的凹槽中，将扣脚穿过背带的孔。接着在扣脚装上母扣，并用牛仔扣打具敲打扣脚，使其固定。

02

把用来扣住面盖的底座（公扣）放在环状台的平面上，将扣脚穿过安装位置的圆孔。接着再装上公扣，用牛仔扣打具敲打，固定牛仔扣。

附 录

本书的制作图解中并未记载基础知识，因此，我们在这里一并为各位解说。包括纸型、材料等，还请各位活用本章信息，做出更好的作品。

纸型的用法 Petterns

纸型上一般会有各种标记，了解并掌握这些标记的含义，制作时看到纸型即可一目了然。

使用纸型时，请复制后贴在厚纸上。本书记载的只有 A3 尺寸以下的零件，若在复制时有困难，可以分次复制，再对照线拼贴起来。

■步骤

① 复制纸型

首先利用可进行复制的器材复制纸型。

② 粗裁后贴到厚纸上

先大致从裁切线 1cm 外侧的位置进行裁切，并贴到纸板等较厚的纸张上（也可使用透明档案夹等更强韧的材料）。要是使用胶水等液态胶的话，黏合后纸会扭曲，所以用固态胶、喷胶或橡胶糊等来黏合吧。

③ 裁切纸型

沿着裁切线仔细裁断纸板，做出纸型。直线请用直尺辅助裁切。以线的中央裁切，可以把误差降到最低。

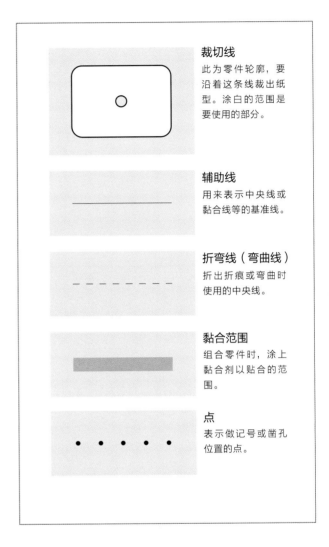

裁切线
此为零件轮廓，要沿着这条线裁出纸型。涂白的范围是要使用的部分。

辅助线
用来表示中央线或黏合线等的基准线。

折弯线（弯曲线）
折出折痕或弯曲时使用的中央线。

黏合范围
组合零件时，涂上黏合剂以贴合的范围。

点
表示做记号或凿孔位置的点。

■ 凿圆孔的方法

若纸型上有用裁切线标记的圆孔，请以纸型上标示的同尺寸圆斩在纸型上先凿孔吧。转描时，把纸型平放在零件上，并用圆斩压出痕迹。最后，用圆斩沿着刻痕凿开就可以了。

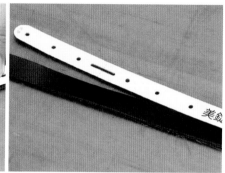

■ 割开缺口的方法

长形的缺口在两端都会标示出圆孔。先在这部分用指定的圆斩凿开圆孔后，接着用美工刀像连接两个圆孔般割出缺口。在皮革上割开缺口的方法也相同。

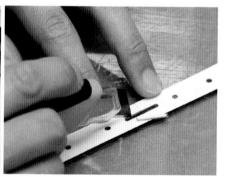

■ 注意缩小 50％的纸型

本书纸型几乎都是原尺寸大小，不过有一部分零件是缩小成 50％ 的（纸型上有明确提示）。在复制时可以放大成 200％，或以纸型长度为准，重新做图。

■ 先决定线孔位置会很方便

在皮革工艺中，缝合时要先凿开线孔，而线孔间隔距离基本相等。比起到了缝合皮革时才测量，若能先在纸型上下功夫，制作时线孔位置便会更准确，针脚也会更美观，完成度会更高。尤其是想做出多件同样的作品时，就能省下每次调整线孔间距的时间，大幅提高效率。

推荐皮革 Leather

在此介绍本书皮件所使用的皮革。主要使用的是 SEIWA 植鞣革。此皮革有 1.0mm 厚与 1.8mm 厚两种类型，每件作品会选用适合厚度的皮革进行制作，以使外型更好看，提升耐用程度。SEIWA 的皮带有植鞣与铬鞣两种，可以按照预期的效果来选用。

皮革的选用

众所周知，皮革大致分成植鞣革与铬鞣革两种。虽说皮革的选用方式与多种要素有关，没有绝对的规则，但若能先考量以下两点，就能在一定程度上降低失败率。本书所介绍的用手缝来制作的皮件适合用植鞣革，或在铬鞣革里加入植酸的混合鞣革。这是因为这类皮革稍微有些硬度，还能磨整突出在外的侧边。厚度以 1.0~2.0mm 为标准。太薄会不够挺立，侧边强度也不够；太厚则会太硬，导致形状做不出来。还请参考本书的信息，按照零件的不同，调整厚度，做出漂亮的皮件。

■ SEIWA 植鞣革（黑色、棕色、驼色）

柔软的植鞣革。除了皮面层有着适度、沉稳的美丽光泽，也有皮革的自然调性。由于是植鞣革，所以可以磨整。有 1.0mm 厚与 1.8mm 厚两种可选择，依照部位选用，就能大幅提升完成度。

■ SEIWA 植鞣皮带

用植鞣革制作的 2.2mm 厚的牛皮带。由于采用染到肉面层与侧边的穿芯染制法，所以不用特地染色，可直接使用。宽度有 5mm、8mm、10mm 3 种。颜色有原色、骆驼色、红色、黑色、焦茶色 5 种（买一整卷的话，有中茶、焦茶、砖瓦色、绀色等）。

■ SEIWA铬鞣皮带

使用约 2mm 厚的铬鞣革制作的柔软又强韧的牛皮带。乍看之下颇为粗犷，但随着长期使用，就会泛出光泽。宽度有 15mm 与 30mm 2 种（本书使用 15mm 宽的类型）。颜色有黑色与焦茶色 2 种。

■ 再生革芯材

把天然的皮革磨成粉状，再聚成固态的平薄型芯材。柔软的质地很适合当成皮带类或包类的芯材。质感与皮革相似，也可削薄加工。有 0.6mm、1.0mm 厚 2 种。本书的背带就使用了 0.6mm 厚的类型。

■ 纸纤维芯材

把树脂染进纸纤维中制成的芯材。由于这种芯材有硬度，所以适合用在需要硬挺的零件上。当皮革太软、作品本体塌陷时，可使用这种芯材。有 0.45mm、0.6mm、0.9mm 厚 3 种，可随作品大小选用。

金属配件图鉴 Metal Parts

本节介绍书中使用的各类金属配件的颜色与尺寸。同一件作品使用不同颜色的金属配件，便能改变氛围，各位也不妨试着选用不同的金属配件。每种金属配件都有内径与外径等的差异，还请仔细注意记载的数值。

[金属配件的颜色表记]

N：镀镍　G：镀金　B：黄铜　BN：黄铜镀镍　AT：镀古董色　粗黑：镀粗黑　BZ：镀黄铜　DG：镀代金

■ 黄铜钥匙扣

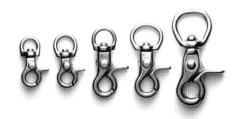

①黄铜钥匙扣	8mm
②黄铜钥匙扣	10mm
③黄铜钥匙扣	10mm
④黄铜钥匙扣	15mm
⑤黄铜钥匙扣	17mm

※ 数值为内径

■ 黄铜 D 环

10／12／16／18／21／24／30／40（mm）

※数值为内径

■ 黄铜铸形圆环

12／15／18／21／24／30／40（mm）

※数值为内径

■ 黄铜小环

12／15／18／21／24／30／40（mm）

※数值为内径（内长边）

■ 黄铜椭圆环

15／18／21／24／30（mm）

※数值为内径（长轴）

■ 原子扣

① ② ③

①极小	5mm
②中	7mm
③大	10mm

※ 数值为扣头外径

■ 黄铜固定扣

①小，两面短脚	6mm×7.3mm
②小，两面长脚	6mm×8.3mm
③大，两面短脚	9mm×9mm
④大，两面长脚	9mm×10.5mm

※ 数值为外径 × 高

■ 黄铜四合扣

- No.2 小 … 11.5mm × 4.5mm ・8050 特大 … 15mm × 5.6mm
- No.5 大 … 12.6mm × 5.8mm ※ 数值为外径 × 高

■ 黄铜牛仔扣

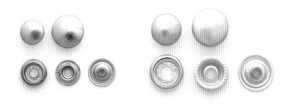

- 7060 小 ………………………… 12.6mm × 7mm × 6mm
- 7050 大 ………………………… 15mm × 8.3mm × 7mm
  ※ 数值为外径 × 头高 × 足高

■ 黄铜调节扣

12 / 15 / 18 / 21 / 24 / 30 / 40（mm） ※ 数值为内径（长边）

■ 黄铜卸扣 / S 环 / 钥匙挂扣

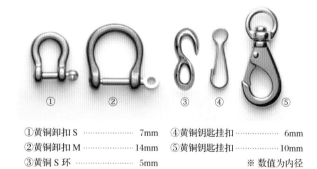

①黄铜卸扣 S ……………… 7mm ④黄铜钥匙挂扣 …………… 6mm
②黄铜卸扣 M …………… 14mm ⑤黄铜钥匙挂扣 ………… 10mm
③黄铜 S 环 ………………… 5mm ※ 数值为内径

■ 黄铜串珠

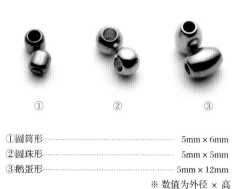

①圆筒形 ………………………… 5mm × 6mm
②圆珠形 ………………………… 5mm × 5mm
③鹅蛋形 ………………………… 5mm × 12mm
※ 数值为外径 × 高

■ 黄铜钥匙圈

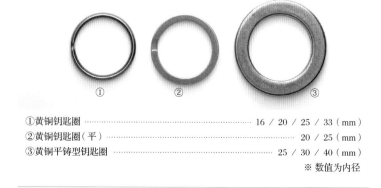

①黄铜钥匙圈 ………………………… 16 / 20 / 25 / 33（mm）
②黄铜钥匙圈（平）………………………… 20 / 25（mm）
③黄铜平铸型钥匙圈 ………………… 25 / 30 / 40（mm）
※ 数值为内径

■ 宽头钥匙挂扣

① AN–1 ·· 8mm　N ／ AT ／ G
　　AN–2 ·· 12mm　N ／ AT ／ G
　　AN–3 ·· 15mm　N ／ AT ／ G
② AN–4 ·· 18mm　N ／ AT ／ G
　　AN–5 ·· 21mm　N ／ AT ／ G
③ AN–6 ·· 30mm　N ／ AT ／ G
④ AN–7 ·· 40mm　N ／ AT ／ G
※ 数值为内径

■ 压把钥匙扣

TN–1 内径 ······8mm　　N ／ G ／ AT
※ 数值为内径

■ 钥匙挂扣

①小 ························· 20mm　N ／ BZ
②大 ························· 23mm　N ／ BZ
※ 数值为内径

■ 钥匙扣

9mm　N ／ AT
15mm　N ／ AT
17mm　N ／ AT

※ 数值为内径

■ 钥匙挂扣

N–21 ························· 6mm　N ／ AT
12mm　N ／ AT
※ 数值为内径

■ 钥匙圈金属配件

① 　　　　　　② 　　　　　　③

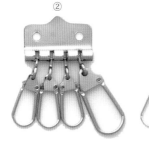

三连钥匙圈 ·········· 30mm × 45mm　N/N 固定扣
①四连钥匙圈 ·········· 33mm × 45mm　N/N 固定扣
②四连亲子钥匙圈······ 33mm × 58mm　N/N 固定扣
③五连钥匙圈 ·········· 33mm × 58mm　N/N 固定扣
※ 数值为整体长 × 宽

● 皮带扣

B-1（21mm）N

B-2（24mm）N

B-3（30mm）N

B-5（15mm）B／BN

B-5（20／25mm）
B／BN

B-6（40mm）B／BN

B-7（40mm）B／BN

B-8（30／35mm）
B／BN

B-12（20mm）B／BN

B-13
（30／35／40mm）
B／BN

B-14（15／20mm）
B／BN

B-15（40mm）B／BN

B-16
（30／35／40mm）
B／BN

B-17（25mm）B／BN

B-18
（30／35mm）B／BN

B-19（8／10mm）N

B-20（25mm）B／BN

B-21（30mm）B／BN
B-22（35mm）B／BN

B-23（8mm）N／AT
B-24（10mm）N／AT
B-25（12mm）N／AT

159

■ 针筒皮带扣

① ② ③

KB-1… 12mm N / G / AT	KB-5 … 24mm N / G / AT
① KB-2… 15mm N / G / AT	③ KB-6 … 30mm N / G / AT
KB-3… 18mm N / G / AT	※ 数值为内径
② KB-4… 21mm N / G / AT	

■ 调节扣

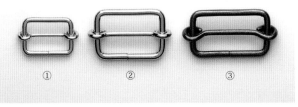

① ② ③

SK-2 15mm N / G / B / AT	③ SK-6 30mm N / G / B / AT
① SK-3 18mm N / G / B / AT	SK-7 40mm N / G / B / AT
SK-4 21mm N / G / B / AT	※ 数值为内径
② SK-5 24mm N / G / B / AT	

■ D 环

① ② ③ ④

① DK-1 10mm N / G / B / AT	③ DK-5 21mm N / G / B / AT
DK-2 12mm N / G / B / AT	DK-6 24mm N / G / B / AT
② DK-3 15mm N / G / AT	④ DK-7 30mm N / G / B / AT
DK-3 …………… 16mm B	DK-8 40mm N / G / B / AT
DK-4 18mm N / G / B / AT	※ 数值为内径

■ 小环

① ② ③ ④

① K-1 …12mm N / G / B / AT	K-6 ……… 30mm N / B / AT
K-2 …15mm N / G / B / AT	④ K-7 ……… 35mm N / AT
② K-3 …18mm N / G / B / AT	K-8 ……… 40mm N / AT
K-4 …21mm N / G / B / AT	※ 数值为内径
③ K-5 …24mm N / G / B / AT	

■ 拉链

号码	长度（金属部分）	金属颜色	拉链布颜色
3 号	10cm	N	黑色／焦茶色／米色
		AT	黑色／焦茶色
	12cm	N	黑色／焦茶色／米色
	15cm	N	黑色／焦茶色／米色
		AT	黑色／焦茶色
	18cm	N	黑色／焦茶色／米色
		AT	黑色／焦茶色
	20cm	N	黑色／焦茶色／米色
		AT	黑色／焦茶色
4 号	30cm	N	黑色／焦茶色／米色

■ 固定扣

① 极小，两面短脚 ·············· 4.6mm × 5mm
　　　　　G / N / AT / B / 粗黑

② 小，两面短脚 ················· 6mm × 7.3mm
　　　　　G / N / AT / B / 粗黑

③ 小，两面长脚 ················· 6mm × 8.3mm
　　　　　G / N / AT / B / 粗黑

④ 大，两面短脚 ················· 9mm × 9mm
　　　　　G / N / AT / B / 粗黑

⑤ 大，两面长脚 ················· 9mm × 10mm
　　　　　G / N / AT / B / 粗黑

⑥ 特大，两面短脚 ·············· 12.5mm × 11mm
　　　　　N / DG / AT / 粗黑

⑦ 特大，两面长脚 ·············· 12.5mm × 13mm
　　　　　N / DG / AT / 粗黑

※ 数值为外径 × 高

■ 四合扣

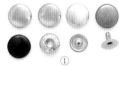

① No.2 小 ············· 11.5mm × 4.5mm　B / AT / DG / N / 粗黑
② No.5 大 ············· 12.6mm × 5.6mm　B / AT / DG / N / 粗黑
③ 8050 特大 ··········· 15mm × 5.6mm　N / B / AT
④ 细致四合扣 ·········· 8.8mm × 4mm　N / B / AT
※ 数值为外径 × 高

■ 牛仔扣

① 7070 极小 ··············· 10mm × 6mm × 5mm　BN / B
② 7201 小小 ··············· 13mm × 6mm × 5mm　BN / B
③ 7060 小 ············· 12.6mm × 7mm × 6mm　B / AT / DG / N / 粗黑
④ 7050 大 ············· 15mm × 8.3mm × 7mm　B / AT / DG / N / 粗黑
　大长脚 ··············· 15mm × 11.5mm × 11mm　N / AT

■ 金属角饰

C-1 ················· 17mm
　　　　　N / G
C-4 ················· 30mm
　　　　　N / G
※ 数值为高

■ 磁扣

MS-1 ············· 14mm
　　　　　N / G / AT
MS-2 ············· 18mm
　　　　　N / G / AT
※ 数值为外径

工具图鉴 Tools

本节介绍在制作过程中需要用到的工具和材料。若手上没有工具或不知道该准备什么工具，可参考本节来准备。（这里会解说一些工具的特性与用法，若您是初次接触皮革工艺，可以参考我社出版的皮革工艺系列 vol.1《皮艺技法全书》，学习最基本的工具和材料知识）

■ 菱斩

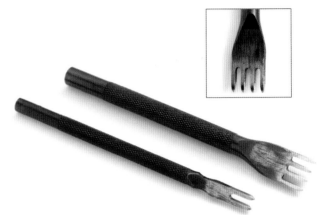

用来在皮革上凿线孔的重要工具。斩脚间距有 3mm、4mm、5mm、6mm 可选择。本书使用的是可发挥手缝朴素及纤细印象的 4mm 间距的菱斩。若能准备同间距的双菱斩和六菱斩会很方便。

■ 欧式菱斩

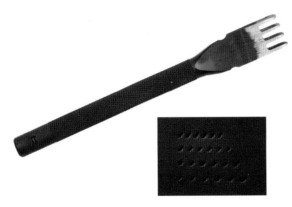

本书未登场的另一种菱斩。尖端像凿子一样平，凿出的线孔倾斜角度更深，因此针脚会非常明显，给人深刻的印象。使用方法与一般菱斩相同，想完整发挥手缝魅力的人不妨尝试一下。

■ 菱斩钳

用木锤敲打菱斩会产生噪声，而且下方若非平面也凿不了孔。菱斩钳就是为了解决这些困扰所发明的，只要握紧就可以轻易地凿孔。

▪ 圆锥

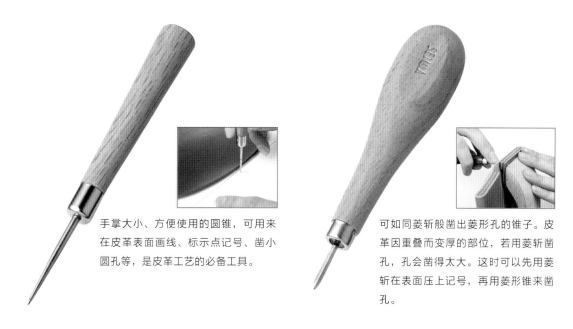

手掌大小、方便使用的圆锥，可用来在皮革表面画线、标示点记号、凿小圆孔等，是皮革工艺的必备工具。

▪ 菱形锥

可如同菱斩般凿出菱形孔的锥子。皮革因重叠而变厚的部位，若用菱斩凿孔，孔会凿得太大。这时可以先用菱斩在表面压上记号，再用菱形锥来凿孔。

▪ 粗圆锥

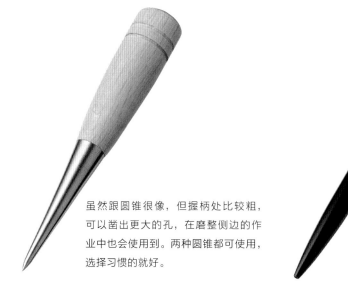

虽然跟圆锥很像，但握柄处比较粗，可以凿出更大的孔，在磨整侧边的作业中也会使用到。两种圆锥都可使用，选择习惯的就好。

▪ 银笔

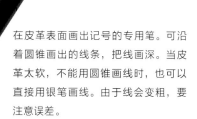

在皮革表面画出记号的专用笔。可沿着圆锥画出的线条，把线画深。当皮革太软，不能用圆锥画线时，也可以直接用银笔画线。由于线会变粗，要注意误差。

■ 间距规　　　　　　　　　　■ 边线器

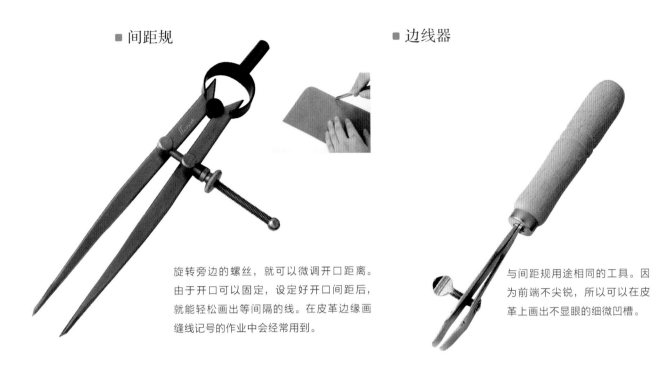

旋转旁边的螺丝，就可以微调开口距离。由于开口可以固定，设定好开口间距后，就能轻松画出等间隔的线。在皮革边缘画缝线记号的作业中会经常用到。

与间距规用途相同的工具。因为前端不尖锐，所以可以在皮革上画出不显眼的细微凹槽。

■ 平口钳

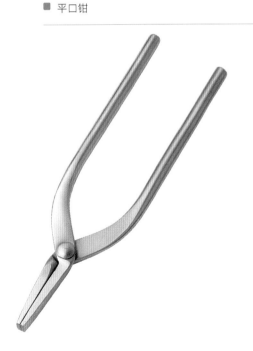

构造简单，前端细长的钳类工具。缝纫时线孔太紧时，可用来拉出手缝针。也可以用来夹掉皮革零件的边缘。本书中在安装角饰时有使用到平口钳。

▪ 双面胶带

用来暂时固定住零件的胶带。黏着力略强，可重复使用。在拉链布上涂橡胶糊很麻烦，而用双面胶带会方便许多。

▪ 橡胶糊

标准的皮革黏合剂。干燥后不会硬化，可以保持橡胶的柔软性，不会影响皮革的形状。由于原料内有挥发性的溶剂，所以要注意通风。

▪ 皮革用白胶

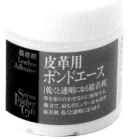

与木工用白胶性质相同的黏合剂。干燥后会像树脂材料般稍微变硬，为皮革增加硬度。分成高黏度（强力型）和低黏度（容易涂开）两种类型。

▪ 推轮

贴合后的皮革若没有被施加压力使缝隙全部密合，就无法发挥最佳的黏着力。因为在皮革表面摩擦会留下痕迹，所以皮革工艺中一般使用推轮来压黏。除此之外，有时也活用在压出折痕等作业中。

■ 木制磨边器

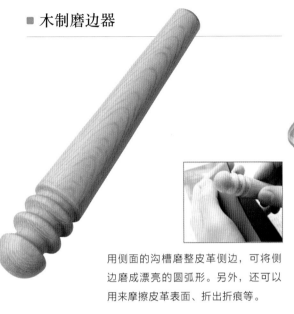

用侧面的沟槽磨整皮革侧边，可将侧边磨成漂亮的圆弧形。另外，还可以用来摩擦皮革表面、折出折痕等。

■ 玻璃板

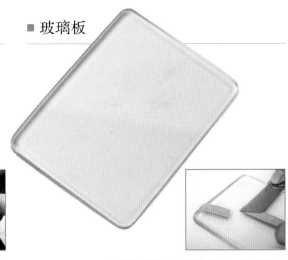

在斜向削薄皮革等作业中，为了避免刀刃划伤作业台而垫在下方的玻璃板。边缘的角被打磨成平滑的圆形，因此也可以用来磨整皮革的肉面层。

■ 床面处理剂

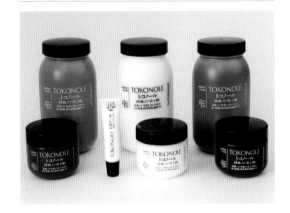

磨整侧边或肉面层时使用的皮革专用毛糙抑制剂。除了可以抑制毛糙，也能为皮革带来光泽。用磨边器或布擦拭效果更好。

■ 皮革保养蜡

皮革专用的天然蜡油，在最后的磨整作业中使用，可打磨出亮丽的光泽。涂上去后等待干燥，接着用布反复摩擦，可有效为皮革增添光彩。

■ 木锤 / 工艺木锤

两种都是用来敲打菱斩、打具、圆斩等的锤子。一般木锤比较长，握在握柄后方，可打出较强力道。工艺木锤比较短、轻，重心均衡，能很好地掌控力道，女性朋友也能灵活地使用。

■ 手缝针 / 手缝固定夹

缝合作业中必备的手缝针和手缝固定夹。为了避免戳出设置以外的孔洞，手缝针的尖端并不锐利。缝合时可以靠触感找出孔洞位置，并穿透过去。

■ 圆斩

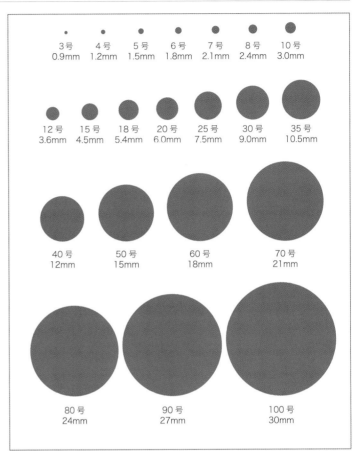

3 号 0.9mm	4 号 1.2mm	5 号 1.5mm	6 号 1.8mm	7 号 2.1mm	8 号 2.4mm	10 号 3.0mm
12 号 3.6mm	15 号 4.5mm	18 号 5.4mm	20 号 6.0mm	25 号 7.5mm	30 号 9.0mm	35 号 10.5mm
40 号 12mm	50 号 15mm	60 号 18mm	70 号 21mm			
80 号 24mm	90 号 27mm	100 号 30mm				

用来在皮革上凿出圆孔的工具。金属配件的安装都需要用到圆孔，所以圆斩的使用频率很高。将前端的刀刃抵着皮革，捏紧本体，用木锤敲打以凿孔。尺寸越大，凿开时就越需要力气，但不要勉强一次凿开，分成数次敲打就可以了。小尺寸的圆斩头部很尖，若用力过度，则会凿得太深，致使圆孔变得太大。

安装的金属配件	圆斩尺寸
极小固定扣	6 号（1.8mm）
小固定扣	7 号（2.1mm）
大固定扣	8 号（2.4mm）
特大固定扣	10 号（3.0mm）
四合扣 No.2 小	凸 8 号（2.4mm）／凹 15 号（4.5mm）
四合扣 No.5 大	凸 10 号（3.0mm）／凹 18 号（5.4mm）
四合扣 8050 特大	凸 15 号（4.5mm）／凹 25 号（7.5mm）
细致四合扣	凸 8 号（2.4mm）／凹 12 号（3.6mm）
牛仔扣 7060 小	凹凸 10 号（3.0mm）
牛仔扣 7050 大	凹凸 12 号（3.6mm）
牛仔扣 7201 小小	凹凸 8 号（2.4mm）
牛仔扣 7070 极小	凹凸 8 号（2.4mm）

■ 固定扣打具／牛仔扣打具／四合扣打具／万用环状台

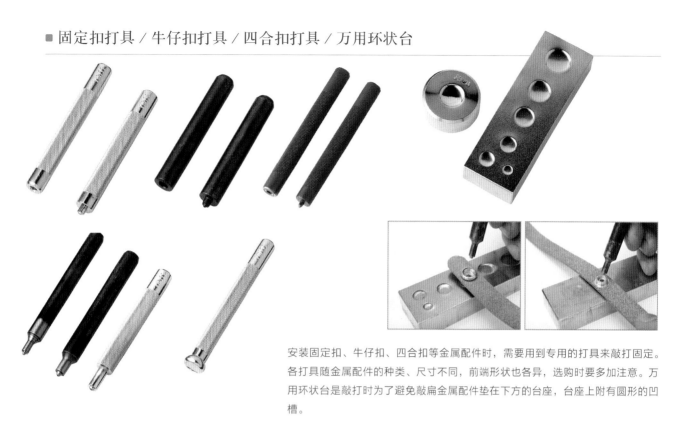

安装固定扣、牛仔扣、四合扣等金属配件时，需要用到专用的打具来敲打固定。各打具随金属配件的种类、尺寸不同，前端形状也各异，选购时要多加注意。万用环状台是敲打时为了避免敲扁金属配件垫在下方的台座，台座上附有圆形的凹槽。

■ 美工刀／换刃式裁皮刀／裁皮刀

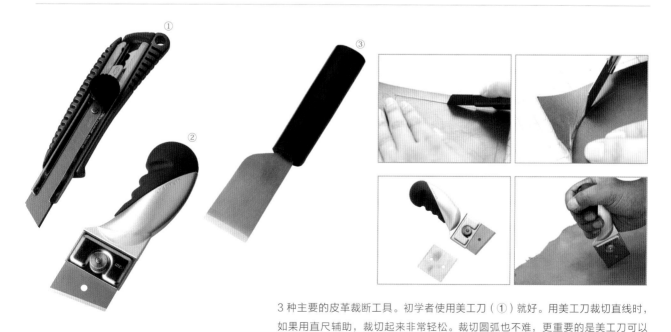

3种主要的皮革裁断工具。初学者使用美工刀（①）就好。用美工刀裁切直线时，如果用直尺辅助，裁切起来非常轻松。裁切圆弧也不难，更重要的是美工刀可以更换刀刃，随时保持锋利度。裁皮刀（③）是皮革专用的刀具，需要经常研磨，保持锋利度。换刃式裁皮刀（②）则是同时拥有两者特色的刀具。

■ 手缝线

皮革工艺中使用的手缝线有麻线与化纤线 2 种。各种缝线的质感与颜色不尽相同，还请选用接近自己理想成品的缝线。本书使用的是 5 号线，不仅与 4mm 宽斩脚间距的菱斩搭配良好，也能凸显手缝的朴实感，又不至于过度粗犷。

SCODE 麻线　细／中细／粗

SMOOTH 聚酯线　细／粗
超级 SMOOTH 聚酯线

W 蜡线　0 号

古色 SINEW 线

W 蜡线　5 号

专业蜡块
（手缝用线蜡）

VINYMO 缝线

缝线种类	长度	粗细	颜色
SCODE 麻线（细）	30m	约 0.6mm	原色／米色／黑／焦茶／茶／绀／胭脂红
SCODE 麻线（中细）	30m	约 0.8mm	
SCODE 麻线（粗）	25m	约 1.0mm	
SMOOTH 聚酯线（细）	10m ／ 100m	约 0.8mm	白／黑／焦茶／茶／米色
SMOOTH 聚酯线（粗）	10m	约 1.0mm	黑／焦茶／茶／米色
超级 SMOOTH 聚酯线	10m	约 0.6mm	白／黑／茶
W 蜡线 5 号	25m	约 0.5mm	黑／焦茶／灰／米色／白／紫／蓝／绿／ 绿松色／天空蓝／茶／黄／橘色／粉红／红
W 蜡线 0 号	50m	约 0.8mm	黑／焦茶／灰／米色／白／紫／蓝／绿／ 绿松色／天空蓝／茶／黄／橘色／粉红／红
古色 SINEW 线（细）	约 270m		原色
古色 SINEW 线（粗）	约 270m		原色
VINYMO 缝线 #30 无上蜡	200m		白／米色／橙／浓黄／黄／黄茶／粉红／红／ 胭脂红／茶／焦茶／水色／蓝／绿／紫／浅灰／深灰／黑

决定缝线长度

一般来说，要准备为缝合长度 4 倍长的缝线。实际上，还要根据皮革厚度来调整，所以可能会余下，但不至于不足。习惯之后就靠感觉来微调吧。

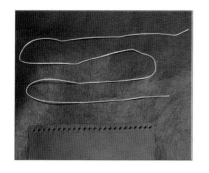

线绑到手缝针上

① 缝线穿过针孔。尺寸若不合适，缝线就会太粗穿不过去。
② 用针刺穿缝线的前端 2 次。
③ 刺过去的部分拉到针的后方，并收掉缝线圈出来的圆圈。
④ 刺过去的部分完全拉到后方，并让缝线缠绕在一起。缝线两端都进行同样的步骤。

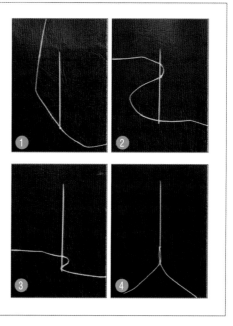

监修企业介绍

　　SEIWA 是与皮革相关的用品制造商，它以品项丰富的直营店为中心，走在时代的前沿，推动了皮革工艺的发展。SEIWA 不仅实现了皮革工艺爱好者们的愿望，也为他们准备好了下一个阶段所需的一切。因此，关注 SEIWA 的商品、展览等动向是非常必要的。

■ 本书作品的设计与制作

Kazuya Okada
冈田　和也

高田马场店

Masato Mori
森　昌人

设计、制作本书收录作品的是担任 SEIWA 商品企划与 PR 的两位老师。他们所设计的皮革小物都很简约，而且活用了手作与皮革的风貌，受到男女老幼的热烈欢迎。

SEIWA 高田马场店

地址：日本东京都新宿区下落合 1-1-1

电话：03-3364-2111

营业时间：10：00-18：30

网址：http://www.seiwa-net.jp

涉谷店

SEIWA 涉谷店

地址：日本东京都涉谷区宇田川町 12-18

电话：03-3464-5668

营业时间：10:00-20:30

博多店

SEIWA 博多店

地址：日本福冈县福冈市博多区博多站中央街 1-1

电话：092-413-5068

营业时间：10:00-21:00

SEIWA 皮革工艺教室

高田马场店也开设了面向大众的皮革工艺教室。课程涵盖了从初学者入门知识到资深工艺制作者进阶等内容。课程的内容丰富且深厚，不仅讲解基础知识，还有机缝、皮革削薄等专业技术。立志在皮革领域有造诣的人，也一定能在这里找到适合自己的课程。培训课程会定期举办，有兴趣的人可前往官方网站查询。

● 网址：http://www.seiwa-net.jp

著作权合同登记号：豫著许可备字 –2017–A–0077

レザークラフト型紙集 24

Copyright ⓒ STUDIO TAC CREATIVE Co., Ltd.2015

Original Japanese edition published by STUDIO TAC CREATIVE CO., LTD

Chinese translation rights arranged with STUDIO TAC CREATIVE CO., LTD
through Shinwon Agency.

Chinese translation rights ⓒ 2019 by Central China Farmer's Publishing House Co.,
Ltd.

摄影师：関根　統　Osamu Sekine

图书在版编目（CIP）数据

皮革工艺. 精品纸型集 / 日本 STUDIO TAC CREATIVE 编辑部编；林农凯译.
—郑州：中原农民出版社，2019.12
ISBN 978-7-5542-2112-9

Ⅰ.①皮…　Ⅱ.①日…　②林…　Ⅲ.①皮革制品—手工艺品—制作 Ⅳ.①TS56
中国版本图书馆 CIP 数据核字（2019）第 216368 号

策划编辑　连幸福　**责任编辑**　张茹冰
美术编辑　杨　柳　**责任校对**　尹春霞

出版：中原出版传媒集团　中原农民出版社
地址：郑州市郑东新区祥盛街 27 号 7 层
邮编：450016
电话：0371-65788013
印刷：新乡市豫北印务有限公司
成品尺寸：202mm×257mm
印张：11
字数：180 千字
版次：2020 年 5 月第 1 版
印次：2020 年 5 月第 1 次印刷
定价：68.00 元